手 绘

中国钓鱼岛

植 物

手绘中国钓鱼岛植物

叶建飞 主编

SINCE 1897
商务印书馆
The Commercial Press

主　　编：叶建飞
副 主 编：汪　远　郝加琛　李青为
图书策划：孙英宝
绘　　图（根据姓氏音序排列）：
白　利　戴　越　董慧霞
顾子霞　贾展慧　李玉博
孙英宝　吴秀珍　徐克凡
钟秋怡　祝立新

目录

039 风藤
040 琉球马兜铃
041 耳叶马兜铃
042 钓鱼岛细辛
043 南投黄肉楠
044 山胡椒
045 红楠
046 舟山新木姜子
047 热亚海芋
048 普陀南星
049 日本薯蓣
050 小霉草
051 露兜树
052 肖菝葜
053 菝葜
054 麝香百合
055 长距虾脊兰
056 三褶虾脊兰
057 双唇兰
058 白网脉斑叶兰
059 低地羊耳蒜
060 香花羊耳蒜
061 密苞鸢尾兰
062 大脚筒
063 豹纹掌唇兰
064 雅美万代兰
065 芳香线柱兰
066 山菅
067 日本文殊兰
068 天门冬
069 山棕
070 长苞香蒲
071 笄石菖
072 青绿薹草
073 莎状砖子苗
074 荸荠
075 佛焰苞飘拂草
076 多枝扁莎
077 华珍珠茅
078 须叶藤
079 白茅
080 细穗草
081 淡竹叶
082 海雀稗
083 桂竹
084 甘蔗
085 狗尾草
086 刍雷草
087 穿鞘花
088 耳苞鸭跖草
089 裸花水竹叶
090 光叶山姜
091 艳山姜
092 异果黄堇
093 台湾佛甲草
094 毛葡萄
095 日本假卫矛
096 酢浆草

序言

我国幅员辽阔，地形复杂，气候多样；不仅拥有辽阔广袤的陆地，还拥有众多的半岛和5000多座大小不同的岛屿，植物种类丰富多样。1959—2004年，我国的植物学家们历经四代人的研究，编写完成了80卷126册的《中国植物志》，记载了中国产的维管植物（蕨类和种子植物）301科3408属31142种。丰富的植物资源一方面可以为各个地区的历史、地理、植物分布格局、物种演化等方面的科学研究提供各种材料；另一方面，更是国家赖以发展的重要财富。植物资源不仅可以促进社会经济发展，还可以进行关乎人类生存繁衍、繁荣昌盛的持续开发与利用，成为国民健康与生命安全所必需的重要保障。所以，有必要弄清我国植物的种类和组成。

钓鱼岛作为我国固有的领土，岛上的所有生物都是我国生物资源库中必不可少的一部分。钓鱼岛虽然面积狭小，却有其特有植物种类，其中有一些在中国大陆和台湾地区都没有分布。研究钓鱼岛植物，有助于解决植物远距离传播、分布格局、生物演化、岛屿形成与演化等诸多方面的科学问题。受历史和现实条件所限，我国植物学家未能对钓鱼岛进行科学考察，钓鱼岛植物区系在我国植物学研究中尚为空白。因此，十分遗憾，无论是《中国植物志》、*Flora of China*、《福建植物志》、《台湾植物志》，还是其他中国植物学专著、论文，都未能将钓鱼岛植物包括在内。这是一个非常严重的历史遗留问题，我国植物学研究理应在领土和主权问题上保持高度的敏感性，尽早将钓鱼岛植物纳入我国植物资源宝库之中。

叶建飞、汪远、郝加琛、李青为和孙英宝等同志策划编写的《手绘中国钓鱼岛植物》一书，以图文结合的形式，展示了生长在钓鱼岛上的208种植物，这不仅对补充我国的植物种类具有很重要的意义，还能进一步促进广大同胞对我国主权和领土完整性的理解，加深普通大众对每一寸国土和每一个物种的保护意识与热爱之情。

王文采

2017年6月5日

前言

“钓鱼岛”因其周边有大量鱼群且适合垂钓而得名，中国古代先民在从事海上渔业的实践中，最早发现钓鱼岛并予以命名。在中国古代文献中，钓鱼岛又称钓鱼屿、钓鱼台、钓鱼山。目前所见最早记载钓鱼岛、赤尾屿等地名的史籍，是成书于1403年（明永乐元年）的《顺风相送》。钓鱼岛及其附属岛屿位于我国东海大陆架东部，北纬25°40′至26°00′、东经123°20′至124°40′之间，距我国福建省福州市东部约375公里，距我国台湾省基隆市东北约180公里。此处共有钓鱼岛、黄尾屿、南小岛、北小岛4个有植被的岛屿，以及赤尾屿、南屿、北屿等67个无植被的小岛及岩礁。

有植被的岛屿中，钓鱼岛面积最大，长约3641米，宽约1905米，面积约3.91平方公里。钓鱼岛最高峰名为高华峰，海拔约362米。岛上山体为东西走向，主体位于岛的南侧，因此南侧有很多陡峭的岩壁和悬崖；北侧则比较平缓，有4条溪流，是这里唯一有淡水的岛屿。最大的附属岛屿黄尾屿距离钓鱼岛约28公里，面积约0.91平方公里，最高峰黄毛峰海拔约117米。南小岛与北小岛中间仅相隔约200米，两者距钓鱼岛约5公里。南小岛面积约0.4平方公里，最高海拔约139米；北小岛面积约0.31平方公里，最高海拔约135米。钓鱼岛及其附属岛屿所在海域为副热带季风气候区，夏季天气炎热潮湿，冬季则较为寒冷，全年平均温度21℃，年降雨量高达2800毫米。

早在明朝，钓鱼岛就处在我国管辖之内。1561年（明嘉靖四十年），明朝驻防东南沿海的最高将领胡宗宪主持、郑若曾编纂的《筹海图编》一书，明确将钓鱼岛等岛屿编入"沿海山沙图"，纳入明朝的海防范围内。1605年（明万历三十三年）徐必达等人绘制的《乾坤一统海防全图》及1621年（明天启元年）茅元仪绘制的中国海防图，也将钓鱼岛等岛屿划入中国海疆之内。钓鱼岛有不少动植物种类，所有陆生动物都分布于上述4座有植被的岛上，其中有哺乳动物6种、鸟类48种、爬行类7种、节肢动物288种、其他无脊椎动物123种。但是，钓鱼岛上人为引入的猫和山羊对当地的生物多样性产生了很多不良影响，尤其是猫对鸟类等动物的捕食、山羊对岛上植被的破坏；加上岛上土壤瘠薄，约30%的土地变为裸露状态，钓鱼岛的生态环境日益脆弱。

根据历史上相关调查报告、论文及部分标本，并根据

Flora of China、*Flora of Japan*等植物志，笔者初步汇总和整理了钓鱼岛的植物名录。钓鱼岛及其附属岛屿拥有中国东南沿海地区具有代表性的植物种类，约有维管植物400种（见附录）。依据最新的分类系统（PPG、GPG、APG系统），钓鱼岛共有石松类和蕨类植物22科42属74种、裸子植物1科1属1种、被子植物93科222属324种，合计116科265属399种，其中有9种为外来或栽培植物。钓鱼岛共有387种植物；黄尾屿共有80种；南小岛共有61种；北小岛植物种类最少，仅有38种植物。钓鱼岛虽然面积狭小，却有4种特有植物，分别为钓鱼岛细辛（*Asarum senkakuinsulare*）、钓鱼岛补血草（*Limonium senkakuense*）、钓鱼岛杜鹃花（*Rhododendron eriocarpum* var. *tawadae*）和钓鱼岛金丝桃（*Hypericum senkakuinsulare*）。本书选取了钓鱼岛208种最常见、具有代表性的植物，以手绘彩图的形式呈献给大家，为广大同胞了解钓鱼岛的植物资源提供一份更为直观专业的资料。

本书编写过程中，得到了很多机构的老师与朋友们的无私帮助。在此特别感谢中国科学院院士、植物分类学家王文采先生为本书作序；厦门大学生命科学学院侯学良副教授审核了早期的植物名录；中国科学院植物研究所王英伟高级工程师、刘冰博士和林秦文博士为本书提出了宝贵意见。

《手绘中国钓鱼岛植物》编写小组

垂穗石松

Lycopodium cernuum

石松科 Lycopodiaceae

石松属 *Lycopodium*

中型至大型土生植物，主茎直立，圆柱形，光滑无毛。主茎上的叶螺旋状排列，稀疏，钻形至线形，通直或略内弯，基部圆形，下延，无柄，先端渐尖，全缘。侧枝上斜，多回不等位二叉分枝，侧枝及小枝上的叶螺旋状排列，钻形至线形，纸质。孢子囊穗单生于小枝顶端，短圆柱形，成熟时通常下垂。孢子囊生于孢子叶腋，内藏，圆肾形，黄色。垂穗石松分布于中国钓鱼岛及重庆、福建、广东、广西、贵州、海南、湖南、江西、四川、台湾、西藏、云南、浙江；亚洲其他热带地区及亚热带地区、大洋洲、中南美洲都有分布。

垂穗石松是一种像“松”一样的植物，又常长在石头边，故名“石松”。通常生于林下、林缘或石边等阴湿处，植株比较高大，可以长到半米左右。它的茎不像其他原始类群植物一样二叉分枝，一般是不等位二叉分枝或近互生。叶形奇特，如松叶一样，钻形或线形，在茎上呈螺旋状排列。属名“*Lycopodium*”意为“狼”+“足”，指本属植物的根像狼足。“垂穗”形容的是它的孢子囊穗，一般生于小枝顶端，下垂状，种加词“*cernuum*”即“俯垂”的意思。

深绿卷柏

Selaginella doederleinii

卷柏科 Selaginellaceae

卷柏属 *Selaginella*

土生，近直立，基部横卧，匍匐根状茎或游走茎。主茎自下部开始羽状分枝。叶全部交互排列，二型，纸质，表面光滑，边缘不为全缘，不具白边。主茎上的腋叶较分枝上的大，卵状三角形，基部钝，分枝上的腋叶对称，狭卵圆形到三角形。孢子叶穗紧密，四棱柱形，单个或成对生于小枝末端。孢子叶一型，卵状三角形，边缘有细齿。孢子叶穗上大小孢子叶相间排列，或大孢子叶分布于基部的下侧。深绿卷柏分布于中国钓鱼岛及安徽、重庆、福建、广东、广西、贵州、海南、湖南、江西、四川、台湾、云南、浙江；马来西亚、日本、泰国、印度、越南也有分布。

深绿卷柏没有卷柏那样粗壮的直立茎，只有较细弱的匍匐或游走茎，植株中部以下常会长出一条条根，所以又叫生根卷柏。深绿卷柏排在中间的中叶较小，侧生叶较大，二列状排成一个平面，像凤尾一样，因此也叫大凤尾草、大叶菜、龙鳞草、地侧柏等。属名“*Selaginella*”意为“一种石松科植物”+“小”，指它像一种石松。种加词“*doederleinii*”源自德国动物学家路德维希·杜特莱因（Ludwig Heinrich Philipp Döderlein）的姓氏。

卷柏

Selaginella tamariscina

卷柏科 Selaginellaceae

卷柏属 *Selaginella*

土生或石生，复苏植物，呈垫状。根和茎及分枝密集形成树状主干，主茎自中部开始羽状分枝或不等二叉分枝。叶全部交互排列，二型，叶质厚，表面光滑，边缘不为全缘，具白边。主茎上的叶覆瓦状排列，绿色或棕色，边缘有细齿。分枝上的腋叶卵形、卵状三角形或椭圆形。孢子叶穗紧密，四棱柱形，单生于小枝末端。孢子叶一型，卵状三角形。卷柏分布于中国钓鱼岛及安徽、福建、广东、广西、贵州、海南、湖南、江苏、江西、吉林、内蒙古、山东、四川、台湾、浙江；朝鲜半岛、俄罗斯、菲律宾、日本和印度也有分布。

“卷柏”这个名字可以说非常贴切，它的分枝就像柏树一样，通常是扁平伸展的。“卷”是指它的枝在干旱时可以卷起，所以又叫佛手拳。小枝和叶子又有些像柽柳，因此种加词“*tamariscina*”意为“像柽柳”。因为卷柏常生长在石头缝中，形态像莲花一样，所以又名石莲花。卷柏非常耐旱，长时间干旱时完全卷起，整株枯黄，遇水后却可以迅速展开枝叶。这种过程会反复出现，就像一株死去的植物还魂了一样，所以也叫九死还魂草、长生草、万年松。属名“*Selaginella*”意为“一种石松科植物”+“小”，指它像一种石松类植物。卷柏科和石松科植物一样属于石松类植物，是蕨类植物和种子植物的姊妹群（并列关系）。

松叶蕨

Psilotum nudum

松叶蕨科 Psilotaceae

松叶蕨属 *Psilotum*

小型蕨类，附生树干上或岩缝中。根茎横行，圆柱形，褐色，仅具假根，二叉分枝。地上茎直立，无毛或鳞片，绿色，下部不分枝，上部多回二叉分枝；枝三棱形，绿色，密生白色气孔。叶为小型叶，散生，二型；不育叶鳞片状三角形，先端尖，草质；孢子叶二叉形。孢子囊单生在孢子叶腋。松叶蕨分布于中国钓鱼岛、黄尾屿及广东、广西、贵州、江苏、四川、台湾、云南、浙江；亚洲热带地区部分国家也有分布。

松叶蕨，又叫龙须草、石龙须、铁扫把、铁刷子、松叶兰，是一种小型附生蕨类，高 15—51 厘米，喜欢长在岩石缝隙或树皮间隙、树干上。然而，说是蕨类，却和常见的蕨类植物明显不同。最显眼的就是松叶蕨的二叉状分枝，略有三棱形。松叶蕨几乎很难看到叶，但其实是有叶子的，只有 2—3 毫米长，和木贼类植物类似，都是茎发达而叶不甚发达。属名“*Psilotum*”和种加词“*nudum*”意思都是“裸露的”。

柄叶瓶尔小草

Ophioglossum petiolatum

瓶尔小草科 Ophioglossaceae

瓶尔小草属 *Ophioglossum*

多年生草本，叶单生，营养叶广卵形，先端钝圆，基部圆形，多少下延，无柄，草质。孢子叶自营养叶基部生出，孢子囊穗线形。一些植物志记载的 *Ophioglossum pedunculosum* Desvaux，其实应该是本种。柄叶瓶尔小草分布于中国黄尾屿及福建、贵州、海南、湖北、四川、台湾、云南；澳大利亚、北美、菲律宾、尼泊尔、日本、斯里兰卡、泰国、新西兰、印度、印度尼西亚也有分布。

柄叶瓶尔小草顾名思义，有一个比较显著的总叶柄，营养叶和孢子叶都着生在总叶柄上，其种加词“*petiolatum*”也是具有叶柄的意思。形态和瓶尔小草比较相似，但柄叶瓶尔小草的营养叶为广卵形，先端钝圆，所以又叫钝叶瓶尔小草、圆头箭蕨。属名“*Ophioglossum*”意为“蛇的舌头”，指本属植物的孢子叶。

瓶尔小草

Ophioglossum vulgatum

瓶尔小草科 Ophioglossaceae

瓶尔小草属 *Ophioglossum*

顾子霞 绘图

多年生草本，具一簇肉质粗根。叶通常单生，营养叶为卵状长圆形或狭卵形，无柄，微肉质到草质，全缘。孢子穗棒状，先端尖，远超出于营养叶之上。瓶尔小草分布于中国钓鱼岛及安徽、福建、广东、贵州、河南、湖北、湖南、江西、陕西、四川、西藏、云南、浙江；澳大利亚、北美、欧洲、韩国、日本、斯里兰卡、印度等地也有分布。

瓶尔小草是一种非常不起眼的“小草”，常生长在草地之中，因为植株高不足10厘米，所以如果不仔细找，常常会忽略它。其实瓶尔小草相对比较常见，种加词“*vulgatum*”就是“普通（常见）”的意思。瓶尔小草有且只有一片长卵形的叶（营养叶），此外就是一枚剑形的孢子叶，因此有很多名字来形容，如单枪一支箭、兔耳一枝箭、独叶一枝花、矛盾草、蛇吐须、箭蕨等，甚至还有很多非常形象的名字，如吞弓含箭、一矛一盾、穆桂英、杀人大将等。属名“*Ophioglossum*”意为“蛇的舌头”，指本属植物的孢子叶。

合囊蕨科 Marattiaceae

莲座蕨属 *Angiopteris*

大型陆生植物，高约 2 米。根状茎肥大，肉质，圆球形。叶子较大，具粗长柄，基部有托叶状的肉质附属物；末回小羽片常为披针形，有短小柄或几无柄；叶脉分离，自叶边往往生出倒行假脉，长短不一；孢子囊群靠近叶边，呈两列生于叶脉上。海金沙叶莲座蕨分布于中国钓鱼岛及台湾地区；日本也有分布。

海金沙叶莲座蕨顾名思义，叶子与海金沙叶近似，种加词“*lygodiifolia*”意为“柔软的”+“叶”，表示具有海金沙属植物一样的叶子。属名“*Angiopteris*”来自“容器”+“蕨”，指根状茎上硕大的碗状附属物。

团扇蕨

Crepidomanes minutum

孙英宝 绘图

膜蕨科 Hymenophyllaceae

团扇蕨属 *Crepidomanes*

低矮匍匐草本。根状茎纤细，丝状，交织成毡状，横走，黑褐色。叶片团扇形至圆肾形，扇状分裂达1/2，基部心脏形或短楔形；裂片线形，钝头，常有浅裂，全缘，各裂片大致整齐。囊苞瓶状，两侧有翅，口部膨大而有阔边。团扇蕨分布于中国钓鱼岛及东北、安徽、江西、湖南、浙江、福建、台湾、广东、海南岛、四川、贵州、云南；俄罗斯、日本、朝鲜半岛、越南、柬埔寨、印度尼西亚、波利尼西亚、非洲也有分布。

团扇蕨是一种矮小草本植物，种加词“*minutum*”即“微小”的意思。它通常生活在非常潮湿和阴暗的地方，叶子极薄，呈半透明状。属名“*Crepidomanes*”为“拖鞋”+“杯”，指团扇蕨的囊苞为瓶状，两侧有翅，口部膨大而有阔边。

叉脉单叶假脉蕨

Didymoglossum bimarginatum

孙英宝 绘图

膜蕨科 Hymenophyllaceae

毛边蕨属 *Didymoglossum*

低矮匍匐草本。根状茎纤细如丝，长而横走。叶近生，叶片长圆形，长圆卵形或倒卵形，圆钝头，基部楔形，全缘或呈波浪状，有时浅裂。沿叶缘有一条连续不断的近边内生的假脉，叶肉间有多数断续而与小脉并行的假脉。叶为薄膜质，光滑无毛。孢子囊群 1—3 个，生于叶片顶部的叶缘。叉脉单叶假脉蕨分布于中国钓鱼岛及台湾；澳大利亚、马来西亚、日本、斯里兰卡、泰国、印度及太平洋岛屿也有分布。

叉脉单叶假脉蕨为一种和苔藓非常相似的蕨类植物。高 2—3 厘米，叶子长在四处横走的根状茎上，叶薄膜质，卵形，叶缘基本全缘或波浪状。叶脉羽状，有时分叉，所以叫“叉脉”。叶缘有一条连续不断的假脉，叶肉间则有多条断续的假脉，这就是“假脉蕨”的名字来源。属名“*Didymoglossum*”为“二”+“舌状”，指二叉状分裂为舌状的叶。种加词“*bimarginatum*”则是“二”和“边缘”的意思，指叶缘一条连续不断的假脉。

芒萁

Dicranopteris pedata

顾子霞 绘图

里白科 Gleicheniaceae

芒萁属 *Dicranopteris*

根状茎横走，粗约 2 毫米，密被暗锈色长毛。叶远生，叶轴一至二（三）回二叉分枝。叶为纸质，上面黄绿色或绿色，各回分叉处两侧各有一对托叶状的羽片，平展，宽披针形，等大或不等。末回羽片长披针形或宽披针形，向顶端变狭，尾状，裂片平展，线状披针形。孢子囊群圆形，呈一列着生于基部上侧或上下两侧小脉的弯弓处，由 5—8 个孢子囊组成。芒萁分布于中国钓鱼岛及安徽、福建、甘肃、广东、广西、贵州、海南、湖北、湖南、江苏、江西、山西、四川、台湾、云南、浙江；澳大利亚、马来西亚、尼泊尔、日本、斯里兰卡、泰国、新加坡、印度、印度尼西亚、越南也有分布。

芒萁是一种很常见的蕨类植物，喜欢酸性土壤，非常耐旱、耐瘠薄土壤，因此长江以南各地都可以见到它的身影。芒萁的叶子也非常有意思，常为二回二叉分枝，几枚羽片鸟足状叉开，姿态非常优美。属名“*Dicranopteris*”意为“二叉的”+“蕨”，种加词“*pedata*”则是“鸟足状”的意思。

燕尾蕨

Cheiropleuria bicuspis

双扇蕨科 Dipteridaceae

燕尾蕨属 *Cheiropleuria*

根状茎横走。叶厚革质，顶端通常二深裂，基部圆形而略下延，裂片近三角形，渐尖，光滑无毛。能育叶叶片披针形，向两端变狭，不分裂。孢子囊满布于下面的网状脉上，幼时被棒状隔丝覆盖。燕尾蕨分布于中国钓鱼岛及贵州、海南、台湾；印度尼西亚、日本、马来西亚、新几内亚、泰国、越南也有分布。

燕尾蕨的叶子非常有意思，如燕尾般二叉状分裂，种加词“*bicuspis*”即为“二尖头”的意思。属名“*Cheiropleuria*”意为“手”+“脉”，指脉指状叉开。

海金沙

Lygodium japonicum

海金沙科 Lygodiaceae

海金沙属 *Lygodium*

攀缘植物。不育羽片尖三角形，长宽几相等，二回羽状。一回羽片 2—4 对，互生，基部一对卵圆形。二回小羽片 2—3 对，卵状三角形，具短柄或无柄，互生，掌状三裂；末回裂片短阔。孢子囊穗长度往往远超过小羽片的中央不育部分，排列稀疏，暗褐色。海金沙分布于中国钓鱼岛及安徽、重庆、福建、甘肃、广东、广西、贵州、海南、河南、湖北、湖南、江苏、江西、陕西、上海、四川、台湾、西藏、云南、浙江；澳大利亚、北美、不丹、菲律宾、韩国、克什米尔、尼泊尔、日本、斯里兰卡、印度、印度尼西亚也有分布。

蕨类植物一般都是地生或附生的丛生草本植物，极少为藤本，但海金沙是个例外。海金沙缠绕别的植物攀缘向上，高可达 4 米。属名“*Lygodium*”本义是“柔软的”，指海金沙细弱攀缘的茎。种加词“*japonicum*”指本种的模式产地为日本。

笔筒树

Sphaeropteris lepifera

桫椤科 Cyatheaceae

白桫椤属 *Sphaeropteris*

高大木质化草本。叶羽状，最下部的羽片略缩短，小羽片先端尾渐尖，无柄，基部少数裂片分离，其余的几乎裂至小羽轴；羽轴下面多少被鳞片，基部的鳞片狭长，灰白色，边缘具棕色刚毛。孢子囊群近主脉着生，无囊群盖。笔筒树分布于中国钓鱼岛及广西、海南、台湾、云南；菲律宾、日本、新几内亚也有分布。

笔筒树和其他桫椤科植物一样，是为数不多的高大蕨类，高可达 12 米。笔筒树的髓心非常柔软，而且可以食用。植株死亡后，髓心腐烂，留下笔筒一样的树干，所以叫“笔筒树”。笔筒树的茎干下部有密密麻麻的气生根，切成板后称为蛇木板，用来种植附生兰花。笔筒树还有一个很显著的特征，就是叶子脱落后，会在树干上留下显著的巨大椭圆形叶痕。属名“*Sphaeropteris*”为“球状”+“蕨”，指冠形为球状。种加词“*lepifera*”意思是“被鳞片”，指叶柄上密被鳞毛。

钱氏鳞始蕨

Lindsaea chienii

戴越 绘图

鳞始蕨科 Lindsaeaceae

鳞始蕨属 *Lindsaea*

小型蕨类植物。根状茎密被红棕色钻形小鳞片，横向生长。叶基部生长得很近；圆形叶柄栗红色并有光泽；叶薄草质，三角形的叶片二回羽状生长；基部羽片接近对生，向上斜着生长的互生；下部的部分一回羽状羽片为长圆披针形，顶部羽状浅裂；三角形或近扇形的小羽片对开式生长，边缘有宽短、截形的小裂片，着生孢子囊群。长圆线形的孢子囊群生长在小羽片所生细脉的顶端。钱氏鳞始蕨分布于中国钓鱼岛及福建、广东、广西、贵州、海南、江西、台湾、云南、浙江；日本、泰国、越南也有分布。

钱氏鳞始蕨为多年生草本植物，植株低矮。叶长三角形，二回羽状，小羽片三角形或近扇形。羽片基部近对生，上部互生。属名“*Lindsaea*”源自英国植物学家约翰·林德赛（John Lindsay）的姓氏，因此“鳞始蕨”实际上是音译，以前也曾叫“陵齿蕨”。种加词“*chienii*”源自钱崇澍的姓氏。

团叶鳞始蕨

Lindsaea orbiculata

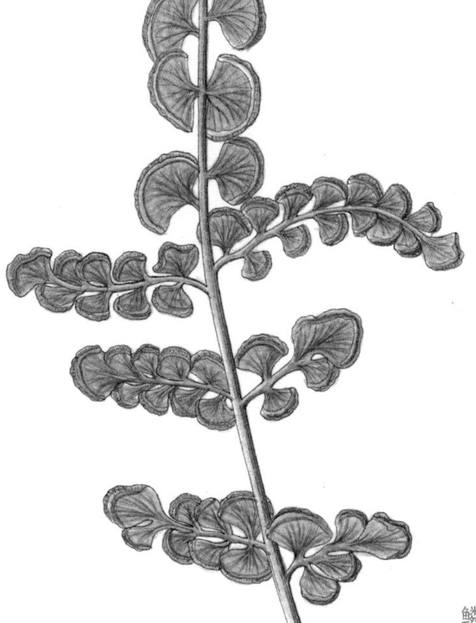

鳞始蕨科 Lindsaeaceae

鳞始蕨属 *Lindsaea*

叶片线状披针形，一回羽状，下部二回羽状；下部羽片对生，远离，中上部互生而接近；小叶草质，近圆形或肾圆形，基部广楔形，先端圆，边缘圆形，有尖齿牙。孢子叶边缘有不整齐牙齿，孢子囊群着生叶缘。团叶鳞始蕨分布于中国钓鱼岛及福建、广东、广西、贵州、海南、湖南、江西、四川、台湾、云南、浙江；菲律宾、马来西亚、缅甸、尼泊尔、日本、斯里兰卡、泰国、新加坡、印度、印度尼西亚、越南也有分布。

团叶鳞始蕨的叶子和铁线蕨的叶颇为相似，就像一串小元宝，近圆形的小叶长在叶柄两侧，因此也叫作金线草、鱼眼蕨。种加词“*orbiculata*”意思也是“圆形的”。不过接近下部的叶子和上部叶不太一样，是线状披针形，甚至有些为二回羽状裂。它的孢子囊生长在叶片的先端边缘。

阔片乌蕨

Odontosoria biflora

鳞始蕨科 Lindsaeaceae

乌蕨属 *Odontosoria*

多年生蕨类植物。根状茎短粗，横向生长，密被赤褐色的钻状鳞片。禾秆色的叶近生而有光泽；叶近革质，二叉分支的叶脉不明显；三回羽状的叶片三角状卵圆形，先端渐尖；下部的叶片二回羽状；小羽片近菱状长圆形，先端钝，基部楔形，下部羽状分裂成近扇形的裂片。孢子囊群杯形，着生在小叶的边缘。阔片乌蕨分布于中国钓鱼岛及福建、广东、海南、台湾、浙江；日本、菲律宾、太平洋岛屿也有分布。

阔片乌蕨为多年生草本植物，较矮小。叶近革质，三回羽状分裂，裂片扇形。属名“*Odontosoria*”意为“齿”+“孢子囊”，种加词“*biflora*”意为“双花的”，指孢子囊群常 2 枚生于裂片上。

乌蕨

Odontosoria chinensis

鳞始蕨科 Lindsaeaceae

乌蕨属 *Odontosoria*

根状茎短而横走，粗壮。叶近生，叶片披针形，四回羽状；羽片15—20对，互生，卵状披针形；一回羽状的顶部下有10—15对一回小羽片；小羽片小，倒披针形，先端截形，有齿牙，基部楔形，下延。孢子囊群着生于边缘，囊群盖半杯形，宽，与叶缘等长。乌蕨分布于中国钓鱼岛及安徽、福建、广东、广西、贵州、海南、湖北、湖南、江西、四川、台湾、西藏、云南、浙江；不丹、菲律宾、韩国、马达加斯加、马来西亚、孟加拉国、缅甸、尼泊尔、日本、斯里兰卡、泰国、印度、越南及太平洋岛屿也有分布。

乌蕨是一种叶子非常漂亮的蕨类植物。它的叶子三至四回羽状细裂，像羽毛一样，叶坚草质，通体光滑。种加词“*chinensis*”指本种模式产地为中国。乌蕨在长江以南地区比较常见，山区路边常可以见到。

扇叶铁线蕨

Adiantum flabellulatum

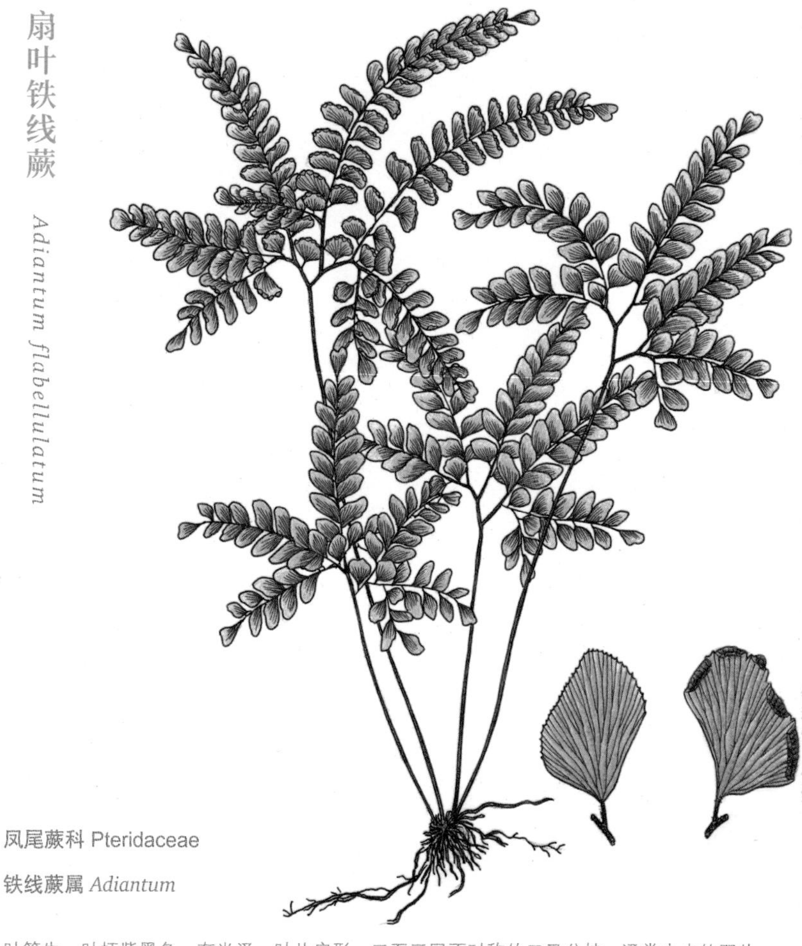

凤尾蕨科 Pteridaceae

铁线蕨属 *Adiantum*

叶簇生；叶柄紫黑色，有光泽。叶片扇形，二至三回不对称的二叉分枝，通常中央的羽片较长，两侧的与中央羽片同形而略短，中央羽片线状披针形；中部以下的小羽片为对开式的半圆形（能育的）或为斜方形（不育的），能育部分具浅缺刻，裂片全缘，不育部分具细锯齿。孢子囊群横生于裂片上缘和外缘，以缺刻分开；囊群盖半圆形或长圆形。扇叶铁线蕨分布于中国钓鱼岛及安徽、福建、广东、广西、贵州、海南、湖南、江西、四川、台湾、云南、浙江；菲律宾、马来西亚、缅甸、日本、斯里兰卡、泰国、印度、印度尼西亚、越南也有分布。

扇叶铁线蕨有着非常整齐的小羽片，像一把把小扇子。它的叶二至三回二叉分枝，但两边羽片并不对称，通常中间的羽片更大一些。叶子和叶柄都非常光滑，其中叶柄最有特点，是紫黑色的，如铁丝般坚硬，铁线蕨属植物都有这个特点。属名“*Adiantum*”意为“不湿的”，指本属植物的叶子像荷叶一样，是斥水的。种加词“*flabellulatum*”的意思则是“小扇形的”。

姬书带蕨

Haplopteris anguste-elongata

凤尾蕨科 Pteridaceae

书带蕨属 *Haplopteris*

多年生蕨类植物。密被黄褐色线状披针形鳞片的根状茎细长，横向生长，先端略微向斜上方升起，先端长渐尖，形成纤毛状，顶端常呈腺体状；叶质较薄、多而近生。叶片线形，中部较宽，向两端渐变狭窄；纤细的中脉在叶片正面略隆起。孢子囊群线形，着生于叶缘的双唇状夹缝中；孢子长椭圆形。姬书带蕨分布于中国钓鱼岛及福建、海南、台湾；日本及菲律宾也有分布。

属名“*Haplopteris*”为“一叶的”+“蕨”。姬书带蕨为多年生草本植物，喜欢生长在低海拔地区林下、多雨地区开阔地的岩生环境，或溪涧两旁陡峭的崖壁上。它的植株不大，与其他狭长带状的书带蕨属植物相比，显得娇小得多，所以称为“姬”书带蕨，可以说名副其实。种加词“*anguste-elongata*”意为“狭窄的”+“伸长”。

唇边书带蕨

Haplopteris elongata

凤尾蕨科 Pteridaceae

书带蕨属 *Haplopteris*

叶近革质，稍远生，通常成丛倒垂；叶片线形或带状，长可达 1 米以上，顶端圆头或钝头，全缘。孢子囊群着生于叶缘的双唇状夹缝中，开口向外。所以名为“唇边”。唇边书带蕨分布于中国钓鱼岛及福建、广东、广西、海南、台湾、西藏、云南；澳大利亚、菲律宾、老挝、马达加斯加、马来西亚、缅甸、尼泊尔、日本、斯里兰卡、泰国、印尼、越南也有分布。

唇边书带蕨就像一丛长长的带子，种加词“*elongata*”的意思是“伸长的”，指它的叶子极长。须根的根毛绒毛状，密布，形成线状的吸水结构。

刺齿半边旗

Pteris dispar

凤尾蕨科 Pteridaceae

凤尾蕨属 *Pteris*

根状茎斜向上生长。叶簇生，近二型；叶片卵状长圆形，二回深裂或二回半边深羽裂；顶生羽片披针形，篦齿状深羽状几达叶轴；侧生羽片 5—8 对，与顶生羽片同形。刺齿半边旗分布于中国钓鱼岛及安徽、重庆、福建、广东、广西、贵州、河南、湖北、湖南、江苏、江西、四川、台湾、浙江；菲律宾、韩国、马来西亚、日本、泰国、越南也有分布。

“半边旗”，形容的就是这种植物奇怪的叶子。它的侧生羽片左右不对称，靠近基部一侧的羽片明显比另一侧要大，因此称为“半边旗”。而叶缘有长尖刺状的锯齿，则是“刺齿”的来源。属名“*Pteris*”指蕨类，这里使用的是其本义，意思是“羽毛状的”，指本属植物的羽片像羽毛。种加词“*dispar*”则是“不相等”的意思，指羽片不对称。

傅氏凤尾蕨

Pteris fauriei

凤尾蕨科 Pteridaceae

凤尾蕨属 *Pteris*

多年牛草本，直立或者匍匐向斜上方生长，不分歧。叶相距极近地生长在一起，二回羽状深裂，最基部的一对羽片下缘又多长出 1—3 片小羽片；羽轴有翼，并常有成对白色软刺。孢子囊群着生于羽裂片背面细脉顶端，呈线状排列。傅氏凤尾蕨分布于中国钓鱼岛及安徽、福建、广东、广西、贵州、海南、云南、江西、台湾、西藏、云南、浙江；日本、越南也有分布。

傅氏凤尾蕨为多年生丛生草本植物，幼时叶轮廓近五角形，成年叶近三角状戟形。本种姿态秀美，常栽培用于观赏。种加词“*fauriei*”源自19—20 世纪法国植物采集家奥本·让·菲力（Urbain Jean Faurie）的姓氏。

巢蕨

Asplenium nidus

铁角蕨科 Aspleniaceae

铁角蕨属 *Asplenium*

高 1—1.2 米，根状茎直立，叶簇生；叶片阔披针形，渐尖头或尖头，中部最宽，向下逐渐变狭长而下延，叶全缘并有软骨质的狭边。叶厚纸质或薄革质，干后灰绿色，两面均无毛。孢子囊群线形。巢蕨分布于中国钓鱼岛及台湾、广东、海南、广西、贵州、云南、西藏；斯里兰卡、印度、缅甸、柬埔寨、越南、日本、菲律宾、马来西亚、印度尼西亚、大洋洲热带地区及东非洲也有分布。

巢蕨也叫鸟巢蕨，常附生于雨林中树干或岩石上，因在自然环境下叶常环绕成鸟巢状而得名；种加词“*nidus*”表示“窝、巢”。巢蕨的幼叶可以食用，在台湾被称为“山苏”。属名“*Asplenium*”意为“无脾的”，而脾被认为是疾病之源，因此属名表示本属植物可以入药。

骨碎补铁角蕨

Asplenium ritoense

铁角蕨科 Aspleniaceae

铁角蕨属 *Asplenium*

高 20—40 厘米，叶片椭圆形，长尾尖，三回羽状；羽片 10—12 对，互生，斜向上生长，小羽片 6—9 对，彼此密接，上侧的常略大于下侧的，基部上侧一片最大，直立，与叶轴平行，卵状披针形。上表面叶脉明显，多少隆起，下面仅可见。叶近肉质，干后草绿色。孢子囊群椭圆形，几与裂片等长。骨碎补铁角蕨分布于中国钓鱼岛及江西、福建、台湾、广东；日本及朝鲜半岛也有分布。

骨碎补铁角蕨的名字源于一种外形类似的蕨类——骨碎补（*Davallia trichomanoides*）。它们都有多回羽状裂的叶片，小叶细碎，质感柔软。种加词“*ritoense*”指本种模式产地为中国台湾李崇山。

乌毛蕨

Blechnopsis orientale

乌毛蕨科 Blechnaceae

乌毛蕨属 *Blechnopsis*

高 0.5—2 米，叶簇生于根状茎顶端；叶柄坚硬，叶片革质，卵状披针形，长达 1 米 左右，一回羽状，羽片多数，下部羽片不育，极度缩小为圆耳形，至中上部羽片最长，全缘或微呈波状；上表面叶脉明显，主脉两面均隆起。囊群盖线形，开口向主脉，宿存。乌毛蕨分布于中国钓鱼岛及广东、广西、海南、台湾、福建、西藏、四川、重庆、云南、贵州、湖南、江西、浙江；印度、斯里兰卡、东南亚、日本至波利尼西亚也有分布。

乌毛蕨乍看一点也不像蕨类植物，没有细裂的叶子，硕大的一回羽状复叶簇生在基部，看上去就像苏铁一样。它是我国热带和亚热带的酸性土指示植物，喜生于酸碱度为 4.5—5.0 的酸性土中。属名“*Blechnopsis*”来自本属植物拉丁俗名。种加词“*orientale*”表示“东方的”。

亮鳞肋毛蕨

Ctenitis subglandulosa

董慧霞 绘图

鳞毛蕨科 Dryopteridaceae

肋毛蕨属 *Ctenitis*

多年生喜阴蕨类植物。直立的根状茎短而粗壮，顶部及叶柄的基部密被膜质、线形的锈棕色鳞片。暗棕色的叶簇生，基部以上被有薄膜质、阔披针形而复互状贴生的鳞片；四回羽裂的叶片三角状卵形；二回小羽轴正面密被有关节的淡棕色毛，背面疏被小鳞片。孢子囊群圆形。亮鳞肋毛蕨分布于中国钓鱼岛及福建、广东、广西、贵州、海南、湖北、湖南、江西、四川、台湾、云南、浙江；不丹、印度、马来西亚、菲律宾、越南也有分布。

亮鳞肋毛蕨为多年生蕨类植物，叶三角状卵形，四回羽裂。属名“*Ctenitis*”意为“梳子、篦齿”，指本属植物的叶篦齿状分裂。种加词“*subglandulosa*”意为“略具腺的”。

全缘贯众

Cyrtomium falcatum

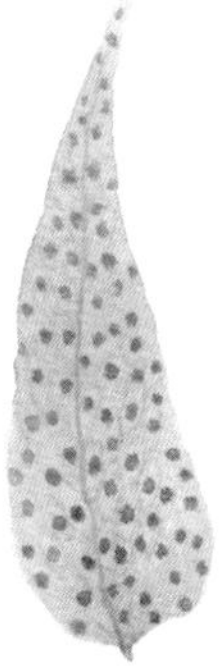

李玉博 绘图

鳞毛蕨科 Dryopteridaceae

贯众属 *Cyrtomium*

植株高 30—40 厘米，叶片奇数一回羽状，小叶呈偏斜的卵形或卵状披针形，边缘全缘，常呈波状；顶生羽片卵状披针形，二叉或三叉状。孢子囊群遍布羽片背面；囊群盖圆形，盾状，边缘有小齿缺。全缘贯众分布于中国钓鱼岛、南小岛、北小岛、黄尾屿及福建、广东、江苏、辽宁、山东、台湾、浙江；印度尼西亚、日本、韩国及太平洋岛屿也有分布。

全缘贯众的叶片簇生成莲座状，薄革质，暗绿色而充满了光泽，是很好的观叶植物。属名“*Cyrtomium*”意为“拱形的”，指它的复叶弯曲成拱形，种加词“*falcatum*”意为“镰状的”，指小叶常向上弯曲为镰状。

小戟叶耳蕨

Polystichum hancockii

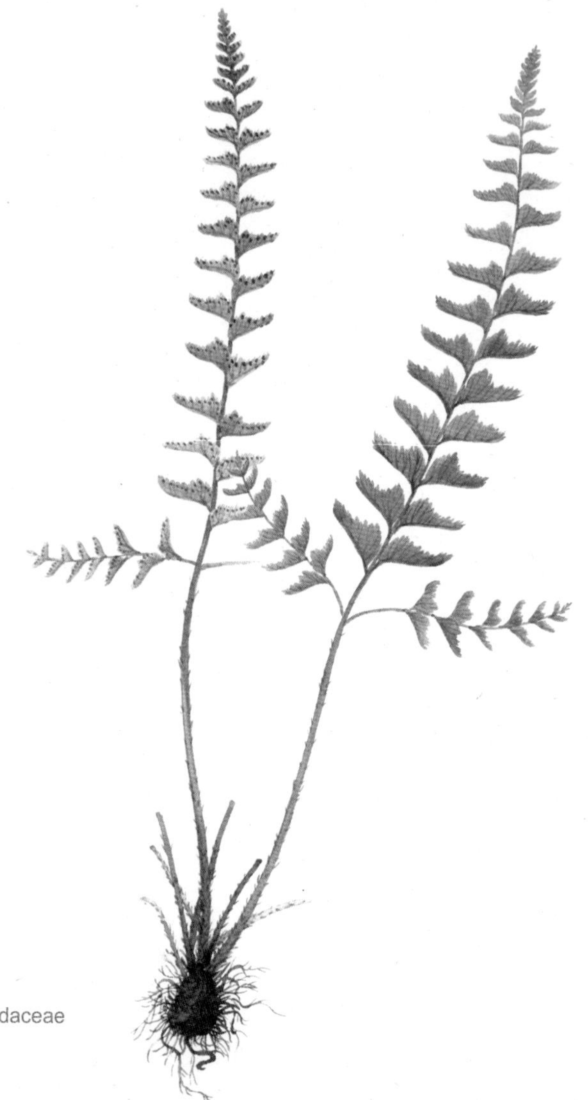

鳞毛蕨科 Dryopteridaceae

耳蕨属 *Polystichum*

多年生蕨类植物。叶簇生，薄草质叶片戟状披针形，具有三枚线状披针形的羽片；侧生一对羽片短小；一回羽状的中央羽片远比侧生羽片大；小羽片近平展而互生，斜长方形，先端急尖或钝，基部上侧有三角形耳状突起，边缘有具小刺头的粗锯齿。圆形孢子囊群生于小脉的顶端；囊群盖圆盾形，边缘略呈啮蚀状，早落。小戟叶耳蕨分布于中国钓鱼岛及安徽、浙江、江西、福建、台湾、湖南、广东、广西；日本及朝鲜半岛也有分布。

小戟叶耳蕨为多年生低矮草本植物，常附生于石头上。叶戟状披针形，基部有一对披针形羽片。属名“*Polystichum*”意为“多列的”，指孢子囊有很多列。种加词“*hancockii*”源自19—20世纪英国蕨类植物学家、中国海关官员韩威仪（William Hancock）的姓氏，他采集了很多中国植物，尤其是台湾植物。

戟叶耳蕨 *Polystichum tripteron*

鳞毛蕨科 Dryopteridaceae

耳蕨属 *Polystichum*

高 30—65 厘米，叶簇生，叶片戟状披针形，侧生一对羽片较短小，斜展，中央羽片较大；小叶边缘有粗锯齿或浅羽裂，锯齿及裂片顶端有芒状小刺尖。孢子囊群圆形，生于小脉顶端；囊群盖圆盾形，边缘略呈啮蚀状，早落。分布于中国钓鱼岛及黑龙江、吉林、辽宁、河北、北京、陕西、甘肃、山东、江苏、安徽、浙江、江西、福建、河南、湖北、湖南、广东、广西、四川、贵州；日本、朝鲜半岛、俄罗斯远东地区也有。

如果不仔细看，会以为戟叶耳蕨的叶片只是一片羽状的复叶。其实，复叶的基部还有一对小羽片，整个复叶呈戟形。属名“*Polystichum*”意为“多列的”，指孢子囊有很多列。种加词“*tripteron*”意为“三翅的”，就是指它的复叶三叉状。

肾蕨

Nephrolepis cordifolia

肾蕨科 Nephrolepidaceae

肾蕨属 *Nephrolepis*

植株高 40—80 厘米，叶坚草质或草质，簇生，一回羽状，约 45—120 对，互生。羽片线状披针形或狭披针形，通常不对称，常密集而呈覆瓦状排列。孢子囊群呈一行位于主脉两侧，肾形，少数圆肾形或近圆形。肾蕨分布于中国钓鱼岛及福建、广东、广西、贵州、海南、湖南、台湾、西藏、云南、浙江；孟加拉国、不丹、柬埔寨、印度、印度尼西亚、日本、韩国、老挝、马来西亚、缅甸、尼泊尔、巴基斯坦、菲律宾、新加坡、斯里兰卡、泰国、越南、非洲、西南亚、澳大利亚、北美、南美及太平洋岛屿也有分布。

本种为世界各地普遍栽培的观赏蕨类，生性强健，较耐旱、耐瘠薄，常种植于棕榈类树干上。它的孢子囊为肾形，故名肾蕨，属名“*Nephrolepis*”意思也是“肾形的”。种加词“*cordifolia*”意为“心形的”，指小羽片叶基近心形。

下延三叉蕨

Tectaria decurrens

三叉蕨科 Tectariaceae

三叉蕨属 *Tectaria*

高可达 1 米，叶坚纸质，簇生，奇数一回羽裂，顶生裂片阔披针形，侧生裂片 3—8 对，披针形，基部稍狭并与叶轴合生；叶轴两侧有阔翅。孢子囊群圆形，囊群盖圆盾形，膜质，棕色，全缘，宿存。下延三叉蕨分布于中国钓鱼岛及台湾、福建、广东、海南、广西、云南；印度、缅甸、越南、菲律宾、印度尼西亚及日本也有分布。

下延三叉蕨的叶深裂，裂片之间疏离，叶片下延至叶柄，种加词“*decurrens*”也是“下延”的意思，因此得名下延叉蕨。属名“*Tectaria*”意为“屋顶”或“覆盖”，指叶子像屋顶一样。

阴石蕨

Davallia repens

骨碎补科 Davalliaceae

骨碎补属 *Davallia*

植株高 10—20 厘米，根状茎长而横走，密被鳞片。叶革质，远生，叶片三角状卵形，二回羽状深裂。孢子囊群沿叶缘着生，通常仅羽片上部有 3—5 对。阴石蕨分布于中国钓鱼岛及浙江、江西、福建、台湾、广东、海南、广西、四川、贵州、云南；日本、印度、斯里兰卡、东南亚、波利尼西亚、澳大利亚、马达加斯加也有分布。

阴石蕨为矮小草本植物，常常利用横走的根状茎附生在阴暗潮湿的石头或树干上，故名阴石蕨，属名“*Davallia*”源自瑞士植物学家艾德蒙·达瓦尔（Edmon Davall）的姓氏，种加词“*repens*”为“匍匐”的意思，都是指阴石蕨具匍匐根状茎。

瓦韦

Lepisorus thunbergianus

水龙骨科 Polypodiaceae

瓦韦属 *Lepisorus*

高约 8—20 厘米，叶片线状披针形或狭披针形，先端渐尖，基部渐变狭并下延。孢子囊群圆形或椭圆形。瓦韦分布于中国钓鱼岛及台湾、福建、江西、浙江、安徽、江苏、湖南、湖北、北京、山西、甘肃、四川、贵州、云南、西藏；朝鲜半岛、日本和菲律宾也有分布。

瓦韦为小型蕨类植物，常常附生于石头或树干之上。根状茎横走，但常簇生，不会攀爬很远的距离。属名“*Lepisorus*”为“鳞片”+“堆”，指根状茎上密被鳞片；种加词“*thunbergianus*”源自 19 世纪瑞典植物学家卡尔·彼得·通贝里（Carl Peter Thunberg）的姓氏。

石韦

Pyrrosia lingua

水龙骨科 Polypodiaceae

石韦属 *Pyrrosia*

植株通常高 10—30 厘米。根状茎长而横走，密被鳞片；不育叶片近长圆形，上面灰绿色，近光滑无毛，下面淡棕色或砖红色，被星状毛；能育叶较小。孢子囊群近椭圆形，布满整个叶背，孢子囊成熟后开裂外露而呈砖红色。石韦分布于中国钓鱼岛及国内大部分地方。印度、日本、韩国、马来西亚、越南也有分布。

石韦为横走的附生植物，通常附生于石头或树干之上。叶革质，叶背棕红色，非常漂亮。属名“*Pyrrosia*”意为“火红的”，指孢子囊及叶背的颜色。种加词“*lingua*”意为“舌状”，指石韦的叶子形状。

金鸡脚假瘤蕨

Selliguea hastata

水龙骨科 Polypodiaceae

修蕨属 *Selliguea*

土生植物，根状茎长而横走，密被鳞片。叶纸质或草质，背面通常灰白色，两面光滑无毛。单叶，形态变化极大，单叶不分裂，或戟状二至三裂；不分裂的单叶形态变化极大，从卵圆形至长条形，分裂的叶片也极其多样，常见的是戟状二至三分裂，中间裂片较长、较宽。叶片边缘具缺刻和加厚的软骨质边。孢子囊群大，圆形，在叶片中脉或裂片中脉两侧各一行，着生于中脉与叶缘之间；孢子表面具刺状突起。金鸡脚假瘤蕨分布于中国钓鱼岛及云南、西藏、四川、贵州、广西、广东、湖南、湖北、江西、福建、浙江、江苏、安徽、山东、辽宁、河南、陕西、甘肃、台湾；日本、韩国、菲律宾、俄罗斯也有分布。

叶形多变的蕨类植物，叶从不裂至分裂，常三裂，形似鸡爪，故名“金鸡脚”。种加词“*hastata*”也是形容叶片的形状，为“戟形”的意思。属名“*Selliguea*”源自自然科学家和机械师赛力格（Alexander Selligue）的姓氏，他对显微镜发展做出过重要贡献。

罗汉松

Podocarpus macrophyllus

罗汉松科 Podocarpaceae

罗汉松属 *Podocarpus*

常绿高大针叶乔木；树皮浅纵裂，灰色或者灰褐色，呈薄片状脱落；枝条较为密集而开展或斜展生长。条状披针形的叶螺旋状生长。雄球花穗状而腋生，雌球花有梗并单生在叶腋。种子卵圆形，先端圆，熟时肉质假种皮紫黑色，有白粉，肉质种托圆柱形，红色或紫红色。罗汉松分布于中国钓鱼岛及安徽、福建、广东、广西、贵州、湖北、湖南、江苏、江西、四川、台湾、云南、浙江；日本、缅甸北部也有分布。

罗汉松是南方常见栽培植物，树形优美，常用作庭院植物，经修剪造型后可成为大型盆景树。罗汉松为常绿乔木，叶螺旋状生长，条状披针形，仅有一条中脉。球果成熟后下方有红色的肉质种托，属名“*Podocarpus*”即“果实有柄”。种加词“*macrophyllus*”意为“大叶的”。

日本南五味子

Kadsura japonica

五味子科 Schisandraceae

南五味子属 *Kadsura*

藤本，全株各部无毛。叶常绿，坚纸质，椭圆形，全缘或具疏锯齿。花单生叶腋，雌雄异株，花被片 8—13 片，淡黄色；雄蕊群及雌蕊群均发达，可达 55 枚。小浆果近球形；种子每心皮 1—3 粒，栗褐色，肾形或椭圆形。日本南五味子分布于中国钓鱼岛及台湾；韩国、日本也有分布。

日本南五味子为常绿藤本植物，花与木兰花很像，但其实花被螺旋状排列，与木兰类的轮生截然不同。最有意思的是它的果实由很多小浆果组成，红色的果实看起来十分诱人。这类植物的果皮甜、果肉酸、种子辣而苦、树皮带咸味，故而得名“五味子”。属名“*Kadsura*”是南五味子的日本名。种加词“*japonica*”指本种模式产地为日本。

石蝉草

Peperomia blanda

胡椒科 Piperaceae

草胡椒属 *Peperomia*

肉质草本；茎直立或基部匍匐，分枝，被短柔毛，下部节上常生不定根。叶对生或 3—4 片轮生，膜质或薄纸质，有腺点，椭圆形、倒卵形或倒卵状菱形，顶端圆或钝，稀短尖，基部渐狭或呈楔形，两面被短柔毛；叶脉 5 条，基出，最外一对细弱而短或有时不明显；叶柄长 6—18 毫米，被毛。穗状花序腋生和顶生，单生或 2—3 丛生；总花梗被疏柔毛；花疏离；苞片圆形，盾状，有腺点；雄蕊与苞片同着生于子房基部，花药长椭圆形，有短花丝；子房倒卵形，顶端钝，柱头顶生，被短柔毛。浆果球形，顶端稍尖。石蝉草分布于中国钓鱼岛及福建、广东、广西、贵州、海南、台湾、云南；孟加拉国、柬埔寨、印度、日本、马来西亚、缅甸、斯里兰卡、泰国、越南北部以及非洲、亚洲西南部、南美洲都有分布。

石蝉草分布于我国南方各省份，常生于较干燥的石头或树干上，为胡椒科肉质小草本。属名“*Peperomia*”为“胡椒”+“相似的”，种加词“*blanda*”意为“光滑的”。

木质藤本；茎有纵棱，幼时被疏毛，节上生根。叶近革质，具白色腺点，卵形或长卵形，顶端短尖或钝，基部心形，背面通常被短柔毛；叶脉5条，基出或近基部发出，最外一对细弱，不甚显著；叶鞘仅基部具有。花单性，雌雄异株，聚集成与叶对生的穗状花序。浆果球形，成熟后黄色或红色。风藤分布于中国钓鱼岛、黄尾屿及台湾、福建、浙江；日本、韩国也有分布。

风藤为木质攀缘藤本植物，叶卵形至长卵形，五出掌状脉。果实为下垂的肉穗果序，果熟后黄色或红色。风藤常用作药物，和著名调料胡椒为同属植物。属名“*Piper*”为本属植物的拉丁俗名。种加词“*kadsura*”指五味子科南五味子属，风藤的果实和南五味子属的果实很像。

琉球马兜铃

Aristolochia liukiuensis

马兜铃科 Aristolochiaceae

马兜铃属 *Aristolochia*

草质藤本，茎幼时黄褐色或黄绿色，密被褐色茸毛，老时脱落。叶纸质，心形至宽心形，叶背被黄褐色茸毛。腋生 1—2 朵小花，花黄绿色，弯曲，檐部扩大成口状，有紫红色网脉至全部紫红色。琉球马兜铃分布于中国钓鱼岛及台湾；日本也有分布。

琉球马兜铃为草质藤本植物，叶心形，花为弯管状，口部黄绿色，具明显紫红色脉纹或近紫色。属名“*Aristolochia*”即“最好的”+“分娩”，指马兜铃曾被用作帮助分娩的药物。种加词“*liukiuensis*”指模式产地为日本琉球群岛。

耳叶马兜铃 *Aristolochia tagala*

马兜铃科 Aristolochiaceae

马兜铃属 *Aristolochia*

草质藤本；茎无毛，干后有明显浅槽纹。叶纸质，卵状心形或长圆状卵形，顶端短尖或短渐尖，基部深心形，两侧裂片近圆形，下垂，全缘，两面无毛；基出脉 5 条。总状花序，腋生，有花 2—3 朵；花被外面浅绿色，具脉纹，管口扩大呈漏斗状，一侧极短，另一侧延伸成舌片；舌片长圆形，顶端圆而具凸尖，初绿色，后暗紫色，具纵脉纹。耳叶马兜铃分布于中国钓鱼岛及福建、广东、广西、贵州、台湾、云南；孟加拉国、不丹、柬埔寨、印度、印度尼西亚、日本、尼泊尔、马来西亚、缅甸、菲律宾、泰国、越南也有分布。

耳叶马兜铃为草质藤本植物，叶常为卵状心形。种加词“*tagala*”指本种模式产地，为缅甸东北部地名。

钓鱼岛细辛

Asarum senkakuinsulare

马兜铃科 Aristolochiaceae

细辛属 *Asarum*

常绿草本，叶心形，深绿色，厚革质，有光泽，叶脉在叶面网状下陷。花梗短，花藏于叶丛中，贴近地面。花被 3 裂，淡黄色至带紫红色，有稀疏或密集的深紫色点状斑，喉部深紫色。钓鱼岛细辛特产于中国钓鱼岛。

钓鱼岛细辛为钓鱼岛特有植物，仅分布于钓鱼岛山坡林下。其叶子厚革质，有光泽，花淡黄色至带紫红色。属名“*Asarum*”意为“没有茎”，因为马兜铃科植物多为藤本植物，细辛属植物却是丛生的草本植物，没有明显的茎。种加词“*senkakuinsulare*”则指模式产地为中国钓鱼岛。

南投黄肉楠

Actinodaphne acuminata

樟科 Lauraceae

黄肉楠属 *Actinodaphne*

乔木。小枝褐红色，无毛。叶互生，披针形，先端渐尖，基部尖锐或阔楔形，革质，上面绿色，无毛，具光泽，下面灰绿色，有短柔毛，羽状脉，中脉、侧脉在上面下陷，下面隆起，网脉在下面明显。伞形花序腋生，2—5 个花序生于总梗上；苞片 5，外面有白色丝状短柔毛；每一伞形花序有花 3—4 朵；花被裂片 6，卵形或长圆形，外面基部及中肋密被长柔毛，内面无毛。南投黄肉楠分布于中国钓鱼岛及台湾；日本也有分布。

南投黄肉楠是常绿阔叶林的组成树种。叶互生，革质，披针形，种加词“*acuminata*”意思是“渐尖的”，指它的叶形。黄肉楠属的叶子多聚集在枝顶，如轮生一般，因此属名“*Actinodaphne*”是“光线”+“月桂树”，指叶子放射状集生。但南投黄肉楠叶子互生，不集生枝顶，故曾被置于木姜子属（*Litsea*）。

山胡椒

Lindera glauca

樟科 Lauraceae

山胡椒属 *Lindera*

落叶灌木或小乔木，高可达 8 米；树皮平滑，灰色或灰白色。冬芽（混合芽）长角锥形，芽鳞裸露部分红色，幼枝白黄色，初有褐色毛，后脱落成无毛。叶互生，宽椭圆形、椭圆形、倒卵形到狭倒卵形，上面深绿色，下面淡绿色，被白色柔毛，纸质，羽状脉，侧脉每侧（4）5—6 条；叶枯后不落，翌年新叶发出时落下。伞形花序腋生，总梗短或不明显，每总苞有 3—8 朵花。山胡椒分布于中国钓鱼岛及安徽、福建、甘肃、广东、广西、贵州、河南西南部、湖北、湖南、江西、陕西西南部、山东东部、山西、四川、台湾、浙江；日本、韩国、缅甸、越南也有分布。

山胡椒顾名思义，果实也如胡椒一般可以做调料，有一股特殊的清香。它还是一种观叶植物，秋季气温低时，叶片会变成红色或橙红色，非常美丽。很多种类的樟科植物叶背都是灰白色的，种加词“*glauca*”就是形容山胡椒叶背的粉绿色。属名“*Lindera*”源自瑞典植物学家林德（Johann Linder）的姓氏。

红楠

Machilus thunbergii

樟科 Lauraceae

润楠属 *Machilus*

常绿中等乔木；树干粗短；树皮黄褐色；树冠平顶或扁圆。枝条多而伸展，紫褐色，老枝粗糙，嫩枝紫红色，二三年生枝的基部有顶芽鳞片脱落后的疤痕数环。顶芽卵形或长圆状卵形。叶倒卵形至倒卵状披针形，先端短突尖或短渐尖，尖头钝，基部楔形，革质，上面黑绿色，有光泽，下较淡，带粉白，中脉上面稍下凹，下面明显突起，近叶缘时沿叶缘上弯，多少呈波浪状，侧脉间有不规则的横行脉，小脉结成小网状，在嫩叶上可见，构成浅窝穴。花序顶生或在新枝上腋生，下部的分枝常有花 3 朵，上部的分枝花较少。果扁球形，直径 8—10 毫米，初时绿色，后变黑紫色；果梗鲜红色。红楠分布于中国钓鱼岛、黄尾屿及安徽、福建、广东、广西、湖南、江苏、江西、山东、台湾、浙江；日本、韩国也有分布。

红楠常被用作园林景观植物，其叶片浓密，幼叶亮红色，成熟叶浓绿而有光泽，也可用于制作褐色染料。属名“*Machilus*”为本属拉丁俗名，种加词“*thunbergii*”源自瑞典植物学家通贝里的姓氏。

舟山新木姜子

Neolitsea sericea

樟科 Lauraceae

新木姜子属 *Neolitsea*

常绿乔木；树皮灰白色，平滑。嫩枝密被金黄色丝状柔毛，老枝紫褐色，无毛。顶芽圆卵形，鳞片外面密被金黄色丝状柔毛。叶互生，椭圆形至披针状椭圆形，两端渐狭，而先端钝，革质，幼叶两面密被金黄色绢毛，老叶上面毛脱落，呈绿色而有光泽，下面粉绿，有贴伏黄褐或橙褐色绢毛，离基三出脉，侧脉每边 4—5 条。伞形花序簇生叶腋或枝侧，无总梗；每一花序有花 5 朵。果球形，红色。舟山新木姜子分布于中国钓鱼岛及浙江、上海；日本、韩国也有分布。

舟山新木姜子为我国二级保护植物，它的幼叶密被金黄色柔毛，在阳光下闪闪发光，因此也叫作“佛光树”。种加词“*sericea*”为“有绢毛的”，指幼叶有金黄色柔毛。属名“*Neolitsea*”为“新的”+“木姜子属”。

热亚海芋

Alocasia macrorrhizos

天南星科 Araceae

海芋属 *Alocasia*

大型常绿草本植物，具匍匐根茎，有直立的地上茎。叶多数；叶片亚革质，草绿色，心状卵形，边缘波状；后裂片多少圆形。花序柄 2—3 枚丛生，圆柱形。佛焰苞花时黄绿色、绿白色。浆果红色，卵状。热亚海芋分布于中国钓鱼岛及福建南部、广东、广西、贵州、海南、四川南部、台湾、西藏南部、云南；亚洲热带地区均有分布。

热亚海芋为高大常绿草本植物，茎粗壮，种加词“*macrorrhizos*”意为“根粗大”，指根茎比较粗壮。佛焰苞绿白色，果熟后橘红色。属名“*Alocasia*”意为“非，不是”+“芋属（*Colocasia*）”，指其像芋属植物。

普陀南星

Arisaema ringens

天南星科 Araceae

天南星属 *Arisaema*

多年生草本，块茎扁球形，具小球茎。叶常 2 片，下部 1/3 具鞘，鞘管状，口部截形；叶片 3 全裂，裂片无柄或具短柄。佛焰苞管部绿色，外面具绿白色条纹，耳内面深紫，外卷。普陀南星分布于中国钓鱼岛及江苏、台湾、浙江；日本、韩国也有分布。

普陀南星为多年生草本植物，具扁球形块茎。叶 2 片，3 全裂，具叶鞘。佛焰苞具绿白色条纹，喉部深紫色，具较高观赏性。属名“*Arisaema*”为“疆南星属（*Arum*）”+“血”，指本属一些种类的鳞叶、叶鞘上有红色斑点。种加词“*ringens*”意为“开口的”，指佛焰苞的形状。

日本薯蓣

Dioscorea japonica

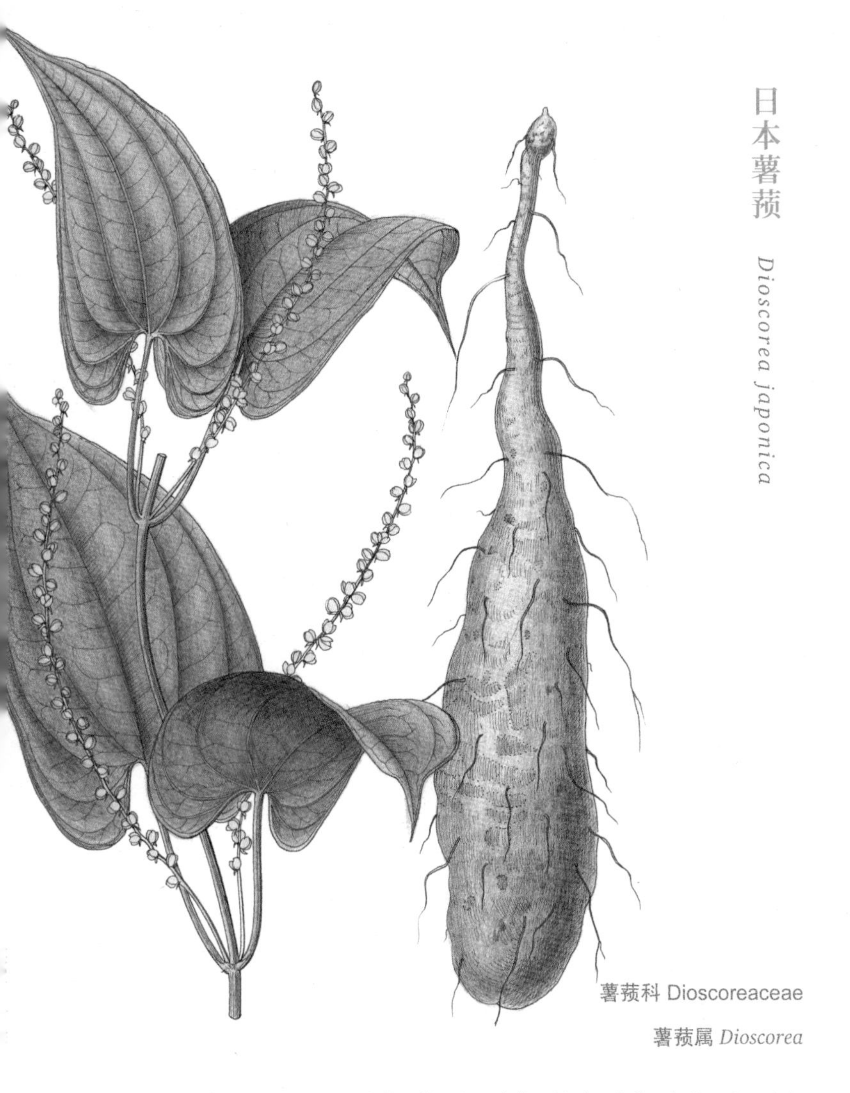

薯蓣科 Dioscoreaceae

薯蓣属 *Dioscorea*

缠绕草质藤本。块茎长圆柱形，垂直生长。茎绿色，右旋。单叶，在茎下部的互生，中部以上的对生；叶片纸质，变异大，通常为三角状披针形、长椭圆状狭三角形至长卵形，有时茎上部叶为线状披针形至披针形，基部叶心形至箭形或戟形。叶腋内有各种大小形状不等的珠芽。雄花绿白色或淡黄色，花被片有紫色斑纹，雌花花被片卵形或宽卵形。蒴果三棱状扁圆形或三棱状圆形。日本薯蓣分布于中国钓鱼岛及安徽、福建、广东、广西、贵州、湖北、湖南、江苏、江西、四川、台湾、浙江；日本、韩国也有分布。

日本薯蓣为多年生草质藤本植物，茎缠绕攀缘。块茎长圆柱形。叶变异大，多为三角状披针形，叶脉弧形，基出。山药即为本属植物。薯蓣属植物多数具有根状茎或块茎，藤本。属名“*Dioscorea*”源自公元 1 世纪古希腊药师迪奥斯科里德（Pedanios Dioscorides）的姓氏。

小霉草

Sciaphila nana

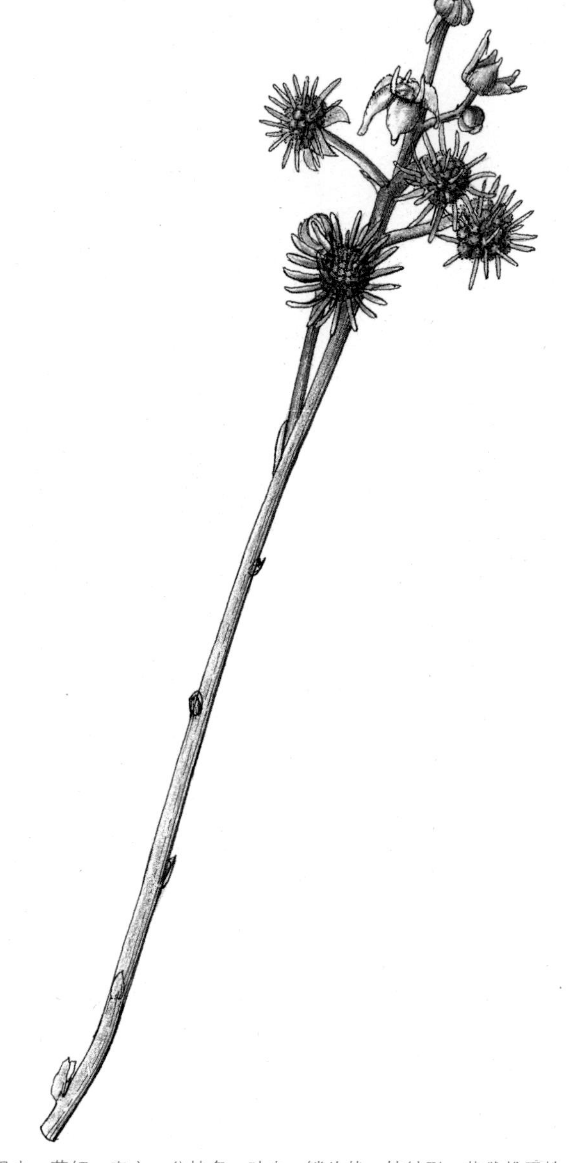

霉草科 Triuridaceae

霉草属 *Sciaphila*

腐生草本，淡红色。根少，茎细，直立，分枝多。叶少，鳞片状，披针形。花雌雄同株；花序头状，疏松排列 3—7 花。雌花子房多数，堆集成球形，花柱自子房顶端伸出，线形，高出子房很多，成熟心皮倒卵形，稍弯曲，长约 0.7 毫米，顶端圆，基部具喙状刺。小霉草分布于中国钓鱼岛；日本、韩国、马来西亚、缅甸、菲律宾、泰国、越南也有分布。

小霉草为腐生草本植物，故名“霉草”。全株淡红色，叶鳞片状。雌花聚成球形，花柱线形。属名“*Sciaphila*”意为“喜阴的”，因为本属植物为异养植物，无需阳光。种加词“*nana*”意为“小的”。

露兜树

Pandanus tectorius

露兜树科 Pandanaceae

露兜树属 *Pandanus*

常绿分枝灌木或小乔木，常左右扭曲，具气根。叶簇生于枝顶，三行紧密呈螺旋状排列，条形，先端渐狭成长尾尖，叶缘和背面中脉均有粗壮的锐刺。雄花序佛焰苞长披针形，近白色，雄花芳香。雌花序头状，单生于枝顶，圆球形。聚花果大，由 40—80 个核果束组成，成熟时橘红色。露兜树分布于中国钓鱼岛、南小岛、黄尾屿及福建、广东、广西、贵州、海南、台湾、云南；亚洲东南部、澳大利亚热带地区、太平洋群岛也有分布。

露兜树为常绿丛生灌木，生于沿海沙地或近海林缘。叶条形，边缘有粗壮锐刺。果实形状像菠萝，因此也叫“野菠萝”，熟后橘红色，但核果较大，几乎没有可食用部分。属名“*Pandanus*”来自马来语中露兜树的俗名。种加词“*tectorius*”意为“屋顶”，指本种的叶片常用来制作屋顶。

肖菝葜

Heterosmilax japonica

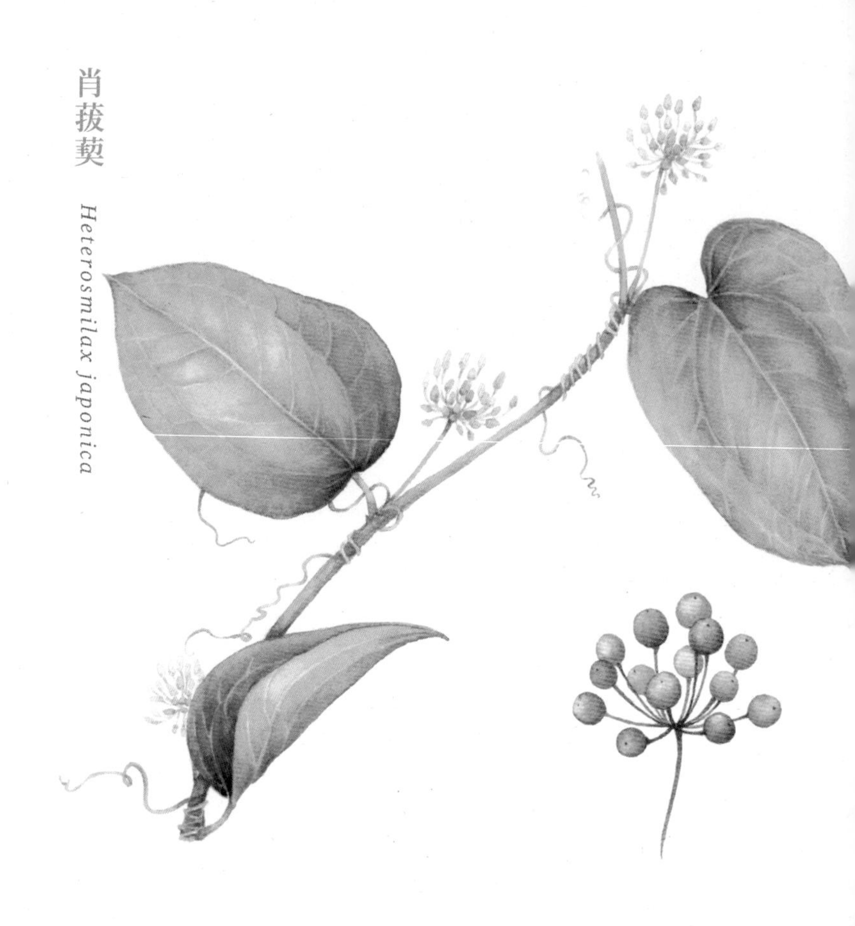

菝葜科 Smilacaceae

肖菝葜属 *Heterosmilax*

攀缘灌木；小枝有较钝的棱。纸质叶卵形、卵状披针形或近心形，先端渐尖或短渐尖，有短尖头，基部近心形，主脉边缘的两条生长到顶端与叶缘会合；叶柄下部 1/4—1/3 处有卷须和狭鞘。伞形花序生于叶腋或生于褐色的苞片内；总花梗扁；花序托球形；花梗纤细。浆果球形而稍扁，成熟时黑色。肖菝葜分布于中国钓鱼岛及安徽、福建、甘肃、广东、湖南、江西、陕西南部、四川、台湾、云南、浙江；不丹、印度东北部、日本也有分布。

肖菝葜为攀缘灌木，小枝有钝棱。叶长卵形，先端渐尖，基部心形。叶柄下部有卷须和狭鞘。果球形，稍扁，熟时黑色。属名“*Heterosmilax*”意为“不同的”+“菝葜属（*Smilax*）”，指本属植物与菝葜属相似，但花被片合生成筒。种加词“*japonica*”指本种模式产地为日本。

菝葜

Smilax china

菝葜科 Smilacaceae

菝葜属 *Smilax*

攀缘灌木。叶薄革质或坚纸质，干后通常红褐色或近古铜色，圆形或卵形，基出三脉；叶柄具明显的鞘和卷须。伞形花序，具多花；花绿黄色，内花被片稍狭；雄花中花药比花丝稍宽，常弯曲；雌花与雄花大小相似，有 6 枚退化雄蕊。浆果熟时红色，有粉霜。菝葜分布于中国钓鱼岛、黄尾屿及安徽、福建、广东、广西、贵州、河南、湖北、湖南、江苏、江西、辽宁、山东、四川、台湾、云南、浙江；缅甸、菲律宾、泰国、越南也有分布。

菝葜为多年生常绿灌木，茎藤状，依靠叶柄卷须和倒钩刺攀缘。伞形花序近球形。果实熟后红色。本属植物叶柄边缘常外延而成为鞘状，在鞘上方生一对卷须。属名“*Smilax*”来自一种有毒植物的希腊名，也有“抓挠”的意思，指本属植物借倒钩刺攀缘。种加词“*china*”指本种的模式产地为中国。

麝香百合

Lilium longiflorum

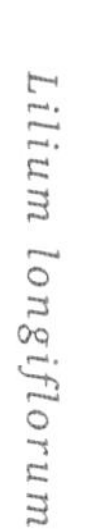

百合科 Liliaceae

百合属 *Lilium*

鳞茎球形或近球形；鳞片白色。叶散生，披针形或矩圆状披针形，先端渐尖，全缘，两面无毛。花数朵生于枝顶；花喇叭形，筒部狭长，白色，筒外略带绿色；外轮花被片上端宽2.5—4厘米；内轮花被片较外轮稍宽。麝香百合分布于中国钓鱼岛、黄尾屿；日本也有分布。

麝香百合为多年生草本植物，花极芳香，可以用于制作香料。本属植物多用于做鲜切花，部分种类鳞茎可食用或入药。花白色或稍带淡黄色，花冠管狭长，种加词“*longiflorum*”意为“长花的”。属名“*Lilium*”为本属植物的拉丁俗名。

长距虾脊兰 *Calanthe sylvatica*

兰科 Orchidaceae

虾脊兰属 *Calanthe*

多年生草本，高达 80 厘米。具 3—6 枚叶，叶在花期全部展开，椭圆形至倒卵形，先端急尖或渐尖，基部收狭为柄，边缘全缘，背面密被短柔毛；具长柄。花莛从叶丛中抽出，直立，粗壮，中部以下具 2 枚筒状鞘；总状花序疏生数朵花。花淡紫色，唇瓣常变成橘黄色。长距虾脊兰分布于中国钓鱼岛及广东、广西、湖南、台湾、西藏、云南；不丹、印度、印度尼西亚、日本、马来西亚、缅甸、尼泊尔、斯里兰卡、泰国、越南以及非洲、马达加斯加也有分布。

虾脊兰属为地生草本植物，有粗短的假鳞茎。叶较大，多剑形。属名“*Calanthe*”意为“美丽的花”。长距虾脊兰为多年生草本，叶椭圆形，花淡紫色，花瓣倒卵形或宽长圆形，距圆筒状。种加词“*sylvatica*”意为“森林的、野生的”。

三褶虾脊兰

Calanthe triplicata

兰科 Orchidaceae

虾脊兰属 *Calanthe*

多年生草本，假鳞茎卵状圆柱形，具 2—3 枚鞘和 3—4 枚叶。叶椭圆形或椭圆状披针形，先端急尖，基部收狭为柄，边缘常波状，两面无毛，具长柄。花莛从叶丛中抽出，直立；总状花序密生多花；花梗和子房白色，纤细；花多白色；唇瓣 3 深裂，中裂片 2 深裂；距白色，纤细，圆筒形。三褶虾脊兰分布于中国钓鱼岛及福建、广东、广西、海南、台湾、云南；不丹、柬埔寨、印度、印度尼西亚、日本、老挝、马来西亚、菲律宾、斯里兰卡、越南以及澳大利亚、马达加斯加、太平洋群岛西南部也有分布。

三褶虾脊兰为多年生草本植物，叶 3—4 枚，椭圆形。总状花序密集多花，花常白色。唇瓣 4 裂。种加词“*triplicata*”意为“三倍的”。

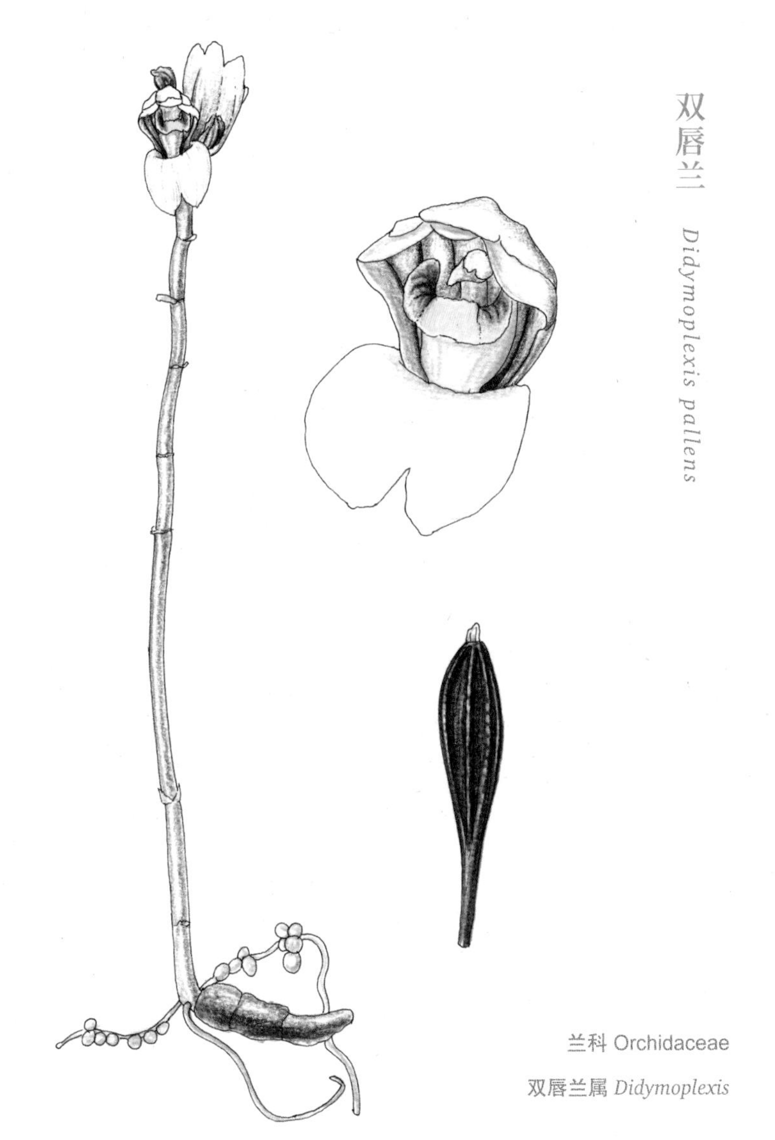

双唇兰 *Didymoplexis pallens*

兰科 Orchidaceae

双唇兰属 *Didymoplexis*

多年生草本，植株矮小；根状茎梭形或多少念珠状，淡褐色，向末端逐渐变为细长，在地上茎与根状茎相连处具2—3条根。茎直立，淡褐色至近红褐色，无绿叶，有3—5枚鳞片状鞘。总状花序较短，具4—8朵花；花白色，逐个开放；中萼片与花瓣形成盔状；唇瓣倒三角状楔形，先端近截形并多少呈啮蚀状。双唇兰分布于中国钓鱼岛及福建、台湾；阿富汗、孟加拉国、印度东北部、印度尼西亚、日本、马来西亚、新几内亚、菲律宾、泰国、越南以及澳大利亚、太平洋群岛西南部也有分布。

双唇兰属为腐生植物，植株矮小，具肉质地下块茎。无绿叶，仅有少数鳞片状鞘。属名“*Didymoplexis*”意为“成双的”+“重叠”，指本属植物花被具二皱褶。双唇兰茎淡褐色，有花4—8朵，白色，种加词“*pallens*”即为“苍白的”。

白网脉斑叶兰

Goodyera hachijoensis

兰科 Orchidaceae

斑叶兰属 *Goodyera*

多年生草本。根状茎匍匐，具节。茎直立，红褐色，具4—5枚叶。叶片卵形或卵状长圆形，薄而平，上面绿色，具白色均匀细脉连接成的网状脉纹，背面灰白色，先端急尖，基部圆形，骤然收狭成柄；叶柄基部扩大成抱茎的鞘。花茎红褐色；总状花序具多数花；花小，近球形，微张开，淡绿色或白色。白网脉斑叶兰分布于中国钓鱼岛及台湾；日本也有分布。

斑叶兰属为地生草本植物，叶互生，稍肉质，常具杂色斑纹。属名“*Goodyera*”源自17世纪英国植物学家约翰·古德伊尔（John Goodyer）的姓氏。白网脉斑叶兰叶片网纹显著，总状花序具多花，花较小。种加词“*hachijoensis*”指本种的模式产地为日本八丈岛。

低地羊耳蒜

Liparis formosana

兰科 Orchidaceae

羊耳蒜属 *Liparis*

地生草本。假鳞茎簇生，圆筒状。叶片斜椭圆形至卵形，锐尖。总状花序具多花，花紫色或略带紫色；子房有 6 个尖锐的脊。花瓣线形，1 脉；唇倒卵形椭圆形。低地羊耳蒜分布于中国钓鱼岛及香港、台湾；日本也有分布。

羊耳蒜属为地生或附生草本植物，通常具假鳞茎。叶草质至厚纸质，多脉。花瓣通常线形。属名“*Liparis*”意为“油光”，指叶有光泽。低地羊耳蒜为多年生草本植物，叶斜椭圆形至卵形，花紫色。种加词“*formosana*”指本种模式产地为中国台湾。

香花羊耳蒜

Liparis odorata

兰科 Orchidaceae

羊耳蒜属 *Liparis*

多年生地生草本。假鳞茎近卵形，有节，外被白色的薄膜质鞘。叶 2—3 枚，狭椭圆形至线状披针形，膜质或草质，先端渐尖，全缘，基部收狭为鞘状柄，无关节。总状花序疏生数朵至 10 余朵花；花绿黄色或淡绿褐色；花瓣近狭线形，向先端渐宽，边缘外卷；唇瓣倒卵状长圆形，先端近截形并微凹。香花羊耳蒜分布于中国钓鱼岛及福建、广东、广西、贵州、海南、湖北、湖南、江西、四川西南部、台湾、西藏南部、云南、浙江；不丹、印度、日本、老挝、缅甸、尼泊尔、泰国、越南以及太平洋群岛也有分布。

香花羊耳蒜为多年生草本植物，叶2—3枚，狭椭圆形至线状披针形。花绿黄色，花瓣近狭线形。种加词“*odorata*”意为“具香甜气味的”，指本种的花具香味。

茎很短，不明显。叶近基生，两侧压扁，线形，伸直或稍镰曲。花莛从叶簇中央抽出，近圆柱形，无翅，下部常有数十枚不育苞片；不育苞片常排成多轮，披针形，先端多少芒状；总状花序，具数十朵或更多的花；花多少排列成轮生状，绿色；唇瓣轮廓为宽长圆状卵形，3 裂。密苞鸢尾兰分布于中国钓鱼岛及海南；越南、泰国也有分布。

鸢尾兰属为附生草本植物，常丛生。叶二列排列，两侧压扁，稍肉质，基部常扩大成鞘状。花极小，仅 1—2 毫米，多少轮生状，属名“*Oberonia*”源自仙女之王的名字奥伯伦（Oberon），指花朵微小。密苞鸢尾兰叶 3—5 枚，二列套叠，总状花序极长，具多花。种加词“*variabilis*”意为“多变的”。

大脚筒

Pinalia ovata

兰科 Orchidaceae

苹兰属 *Pinalia*

附生草本，假鳞茎密集，圆柱状，基部被透明的膜质鞘。叶 4—5 枚，生于假鳞茎顶端，长椭圆形，先端钝，基部浑圆或渐狭。花序从假鳞茎近顶端处发出，无毛，密生多花；花黄白色；唇瓣较小，轮廓为三角状卵形或菱状卵形，不裂，先端锐尖，基部强烈收狭。大脚筒分布于中国钓鱼岛及台湾；印度尼西亚、日本、新几内亚、菲律宾也有分布。

苹兰属为附生植物，茎膨大成假鳞茎，基部被鞘。属名“*Pinalia*”来自尼泊尔语，指一种块根植物。大脚筒密集多花，花黄色，唇瓣带褐色。种加词“*ovata*”意为“卵形的”，指假鳞茎的形状。

豹纹掌唇兰

Staurochilus luchuensis

兰科 Orchidaceae

掌唇兰属 *Staurochilus*

附生草本，茎粗壮，圆柱形。叶厚革质，上面深绿色，背面浅绿色，二列互生，带状，先端不等侧 2 裂，基部下延为抱茎的鞘；数个花序侧生于茎的上部，具多花；花黄白色带许多棕红色的斑块，肉质，开展；中萼片匙形，先端圆钝；侧萼片稍斜匙形，较中萼片短而宽；花瓣镰刀状倒卵形。豹纹掌唇兰分布于中国钓鱼岛及台湾；日本、菲律宾也有分布。

掌唇兰属为附生草本植物，叶斜立或外弯，先端不等侧 2 裂，基部具关节和抱茎的鞘。花序侧生，斜立。属名“*Staurochilus*”为“十字形”+“唇”，指唇瓣十字形。豹纹掌唇兰叶厚革质，二列互生，花瓣黄白色，带很多棕红色斑块。

雅美万代兰

Vanda lamellata

兰科 Orchidaceae

万代兰属 *Vanda*

附生草本，茎粗壮。叶厚革质，带状，下弯，中部以下常“V”字形对折，先端具 2 个不等长的尖齿状缺刻，基部具宿存而抱茎的鞘。花序多直立，不分枝，具 5—15 朵花；花序柄常被 2 枚鞘；花质地厚，伸展，具香气，颜色多变，通常黄绿色并且多少具褐色斑块和不规则的纵条纹；花瓣匙形，先端钝，基部具爪；唇瓣白色带黄，3 裂。雅美万代兰分布于中国钓鱼岛及台湾；日本、菲律宾也有分布。

万代兰属为附生草本植物，叶狭带状，二列，先端缺刻。花较大，质地较厚。本属植物为兰科重要观赏植物，花大色艳。属名“*Vanda*”来自梵文，指一些附生植物。雅美万代兰花黄绿色，花瓣及萼片中央有褐色斑纹。唇瓣通常带粉紫色。种加词“*lamellata*”意为“薄片状的”。

芳香线柱兰

Zeuxine nervosa

兰科 Orchidaceae

线柱兰属 *Zeuxine*

多年生草本。根状茎伸长，匍匐，肉质。茎直立，圆柱形，具 3—6 枚叶。叶片卵形或卵状椭圆形，上面绿色或沿中肋有一条白色的条纹，先端急尖，基部渐狭成柄。总状花序细长，花较小，甚香，半张开。芳香线柱兰分布于中国钓鱼岛及台湾、云南；孟加拉国、不丹、柬埔寨、印度东北部、日本、老挝、尼泊尔、菲律宾、斯里兰卡、泰国、越南也有分布。

线柱兰属为多年生草本植物，具伸长的根状茎。叶稍肉质。花小，几乎不张开，倒置。线柱兰为南方草坪中极常见的杂草。属名“*Zeuxine*”意为“结合”，指唇瓣爪贴生在蕊柱上。芳香线柱兰叶中脉常有一条白色条纹，种加词“*nervosa*”即为“显著的脉”。花较香，半张开。

山菅

Dianella ensifolia

阿福花科 Asphodelaceae

山菅属 *Dianella*

多年生高大丛生草本，根状茎圆柱状，横走。叶狭条状披针形，基部稍收狭成鞘状，套叠或抱茎。顶生圆锥花序，分枝疏散；花被片条状披针形，花药条形，比花丝略长或近等长，花丝上部膨大。浆果近球形，深蓝色，具 5—6 颗种子。山菅分布于中国钓鱼岛及福建、广东、广西、贵州、海南、江西、四川、台湾、云南；孟加拉国、不丹、柬埔寨、印度、印度尼西亚、日本南部、老挝、马来西亚、缅甸、尼泊尔、菲律宾、斯里兰卡、泰国、越南以及非洲、澳大利亚东部、太平洋群岛也有分布。

山菅为多年生常绿草本植物，丛生，株形似萱草。叶较硬，薄革质，披针形，种加词“*ensifolia*”意为“剑形叶的”。花绿白色或近青紫色，果实深紫色。因常绿、习性强健，已引入园林栽培。属名“*Dianella*”为希腊神话中的女神。

日本文殊兰

Crinum asiaticum var. *japonicum*

石蒜科 Amaryllidaceae

文殊兰属 *Crinum*

多年生粗壮草本。叶 20—30 枚，螺旋状排列，带状披针形，长可达 1 米，具 1 急尖的尖头，边缘波状。伞形花序有花 10—24 朵，花高脚碟状，芳香，花被管纤细，花被裂片线形。蒴果近球形。日本文殊兰分布于中国钓鱼岛、南小岛；日本、朝鲜半岛也有分布。

日本文殊兰为多年生粗壮草本植物，具长柱形鳞茎，喜生于滨海地区。文殊兰属植物大都为常见观赏栽培植物，名字来自文殊菩萨，也是佛教“五树六花”之一。属名“*Crinum*”来自希腊语，意为“百合”，指本属植物花似百合。

天门冬

Asparagus cochinchinensis

天门冬科 Asparagaceae

天门冬属 *Asparagus*

攀缘植物。根中部或近末端呈纺锤状膨大。茎平滑，常弯曲或扭曲，长可达 2 米，分枝具棱或狭翅。叶状枝通常 3 枚成簇，扁平或由于中脉龙骨状而略呈锐三棱形，稍镰刀状；茎上的鳞片状叶基部延伸为硬刺。花通常 2 朵腋生，淡绿色。天门冬分布于中国钓鱼岛及安徽、福建、甘肃、广东、广西、贵州、海南、河北、河南、湖北、湖南、江苏、江西、陕西、山东、山西、四川、台湾、西藏、云南、浙江；日本、韩国、老挝、越南也有分布。

天门冬为多年生攀缘植物。根中下部呈纺锤状膨大，可入药。同属植物非洲天门冬（*Asparagus densiflorus*）常见栽培，俗称“天门冬”。同属植物石刁柏（*Asparagus officinalis*）即作蔬菜食用的芦笋。属名“*Asparagus*”为本属植物的古希腊俗名。种加词“*cochinchinensis*”指本种的模式产地为交趾（中南半岛）。

山棕

Arenga engleri

棕榈科 Arecaceae

桄榔属 *Arenga*

丛生灌木。叶羽状全裂，羽片互生，基部的羽片较短而狭，上部的羽片较短而宽，线形，基部变狭，仅一侧有耳垂，顶部收缩，具细齿，中部以上边缘具不规则的啮蚀状齿，顶部的羽片顶端变宽而具啮蚀状齿，上面深绿色，背面灰绿色。果实近球形，钝三棱，充分成熟时为红色。山棕分布于中国钓鱼岛、黄尾屿及台湾；日本也有分布。

山棕为丛生灌木，叶背灰绿色，羽状，羽片基部变狭，一侧有耳垂，顶部收缩，具细齿。果实红色。属名“*Arenga*”来自马来语中桄榔的俗名。种加词“*engleri*”源自 20 世纪德国植物学家恩格勒（Heinrich Gustav Adolph Engler）的姓氏。

长苞香蒲

Typha domingensis

香蒲科 Typhaceae

香蒲属 *Typha*

多年生水生或沼生草本。根状茎粗壮，地上茎直立，粗壮。叶片上部扁平，中部以下背面逐渐隆起，下部横切面呈半圆形，细胞间隙大，海绵状；叶鞘很长，抱茎。雌雄花序远离；叶状苞片 1—2 枚；雌花序位于下部。长苞香蒲分布于中国钓鱼岛及全国各省份；世界各地广泛分布。

长苞香蒲为多年生草本植物，生于浅水或沼泽之中。它的果序就像一根烤肠一样，常用于插花。香蒲的叶子也很有用，晾干后可以用来编制草席等，属名“*Typha*”为本属植物的希腊俗名，也指香蒲编成的草垫子。种加词“*domingensis*”指本种的模式产地为多米尼加首都圣多明各。

笄石菖

Juncus prismatocarpus

灯芯草科 Juncaceae

灯芯草属 *Juncus*

多年生草本，具有根状茎和多数黄褐色的须根。圆柱形的茎丛生而直立或斜上生长。叶基生和茎生，比花序短；叶片呈线形，通常扁平，顶端渐尖，具有绿色的不完全横隔；叶鞘边缘膜质。很多个头状花序排列成顶生的分枝复聚伞花序，花序梗长短不等。淡褐色或黄褐色的蒴果呈三棱状圆锥形。笄石菖分布于中国钓鱼岛及安徽、福建、广东、广西、贵州、海南、河南、湖北、湖南、江苏、江西、山东、四川、台湾、西藏、云南、浙江；不丹、柬埔寨、印度、印度尼西亚、日本、韩国、老挝、马来西亚、尼泊尔、巴基斯坦、巴布亚新几内亚、斯里兰卡、泰国、越南以及澳大利亚、太平洋群岛也有分布。

笄石菖为多年生丛生草本植物，常生于水边湿地。叶片线形，扁平；头状花序排成复聚伞花序，花序之间疏离。属名“*Juncus*”为本属植物的拉丁俗名，种加词“*prismatocarpus*”意为“具有棱柱形果的”。

青绿薹草

Carex breviculmis

莎草科 Cyperaceae

薹草属 *Carex*

多年生草本，根状茎短。秆丛生，纤细，三棱形，上部稍粗糙，基部叶鞘淡褐色，撕裂成纤维状。叶短于秆，平张，边缘粗糙，质硬。最下部的苞片叶状，长于花序，具短鞘。小穗 2—5 个。雄花鳞片倒卵状长圆形，顶端渐尖，雌花鳞片长圆形或倒卵状长圆形，先端截形或圆形，具 3 条脉，向顶端延伸成长芒。果囊倒卵形，钝三棱形，膜质，淡绿色，具多条脉。青绿薹草分布于中国黄尾屿及安徽、福建、甘肃、广东、贵州、河北、黑龙江、河南、湖北、湖南、江苏、江西、吉林、辽宁、陕西、山东、山西、四川、台湾、云南、浙江；印度、日本、韩国、缅甸、俄罗斯也有分布。

青绿薹草为丛生草本植物，生于林下。叶条形。小穗较小，2—5 个，果囊近等长于鳞片，倒卵形，钝三棱形，膜质，淡绿色，具多条脉。属名“*Carex*”为本属的拉丁俗名。种加词“*breviculmis*”意为“短秆的”。

莎状砖子苗 *Cyperus cyperinus*

莎草科 Cyperaceae

莎草属 *Cyperus*

多年生草本，根状茎短。秆疏丛生，锐三棱形，平滑，基部膨大，具稍多叶。叶短于秆，下部常折合，向上渐成平张，边缘不粗糙。叶状苞片 5—8 枚，通常长于花序，斜展，具 6—12 或更多条辐射枝；穗状花序圆筒形或长圆形，小穗线状披针形，小穗轴具宽翅。莎状砖子苗分布于中国钓鱼岛及福建、广东、广西、海南、湖南、江西、四川、台湾、西藏东南部、云南、浙江；孟加拉国、不丹、印度、印度尼西亚、日本、马来西亚、缅甸、尼泊尔、巴布亚新几内亚、菲律宾、斯里兰卡、泰国、越南以及亚洲西南部、澳大利亚东北部、印度洋群岛、太平洋群岛也有分布。

莎状砖子苗为丛生草本植物，花序具叶状苞片，辐射枝常 6—12 条。小穗线状披针形，小穗轴具宽翅。属名“*Cyperus*”为本属植物的古希腊语名。种加词“*cyperinus*”意为“像莎草的”。

荸荠

Eleocharis dulcis

莎草科 Cyperaceae

荸荠属 *Eleocharis*

多年生草本，秆多数，丛生，直立，圆柱状，有多数横隔膜，无叶，只在秆的基部有 2—3 个叶鞘；鞘近膜质，鞘口斜，顶端急尖。小穗顶生，圆柱状，顶端钝或近急尖。小坚果宽倒卵形，双凸状，成熟时棕色，光滑。荸荠分布于中国钓鱼岛及福建、广东、广西、海南、湖北、湖南西部、江苏、台湾；印度、印度尼西亚、日本、韩国、马来西亚、缅甸、尼泊尔、巴基斯坦、巴布亚新几内亚、菲律宾、斯里兰卡、泰国、越南以及非洲热带地区、澳大利亚北部、印度洋群岛、马达加斯加、太平洋群岛也有分布。

荸荠为多年生丛生草本植物，生于湿地之中，属名“*Eleocharis*”意为“沼泽”+“喜悦”，指本属植物喜生于沼泽。荸荠仅有秆而无叶，秆基部有 2—3 个叶鞘。地下有细长的匍匐根状茎，顶端生块茎，即为食用的荸荠。种加词“*dulcis*”意为“甜的”，指块茎味道。

佛焰苞飘拂草

Fimbristylis cymosa var. *spathacea*

莎草科 Cyperaceae

飘拂草属 *Fimbristylis*

多年生草本，根状茎短。秆上部细，扁钝三棱形，基部粗，生多数叶。叶极坚硬，厚，平张，顶端急尖，边缘有稀疏细锯齿，短于花序；小穗多数簇生成头状，长圆形或卵形，鳞片近膜质，卵形，顶端钝，红褐色。小坚果宽倒卵形，三棱形。佛焰苞飘拂草分布于中国钓鱼岛、南小岛，以及福建、广东、广西、海南、南沙群岛、台湾、浙江；印度、日本、老挝、马来西亚、斯里兰卡、泰国、越南以及非洲也有分布。

多年生丛生草本植物，植株低矮。叶条形，极坚硬。小穗簇生成头状。属名“*Fimbristylis*”意为“缝、缨”+“花柱”，指花柱被长睫毛。种下加词“*spathacea*”意为“佛焰苞状的”。

多枝扁莎

Pycreus polystachyos

莎草科 Cyperaceae

扁莎属 *Pycreus*

多年生草本，根状茎短，具许多须根。秆丛生，扁三棱形，坚挺，平滑。叶短于秆，平张，稍硬。苞片叶状，长于花序；辐射枝具多数小穗；小穗排列紧密，近于直立，线形；鳞片密覆瓦状排列，卵状长圆形。小坚果近于长圆形或卵状长圆形，双凸状。多枝扁莎分布于中国钓鱼岛、南小岛、北小岛及福建、广东、广西东部、海南、江苏、辽宁南部、台湾、西沙群岛、浙江；广布世界各地。

多枝扁莎为多年生丛生草本植物，秆密丛生，扁三棱形，叶平张。苞片叶状，辐射枝具多数小穗，小穗紧密，种加词“*polystachyos*”即“多花穗的”。属名“*Pycreus*”意为“苦味的”。

华珍珠茅

Scleria ciliaris

莎草科 Cyperaceae

珍珠茅属 *Scleria*

根状茎木质，被紫色或紫褐色鳞片。秆疏丛生，粗壮，三棱形，无毛，稍粗糙。叶线形，向顶端渐狭或急尖，末端有时呈尾状，纸质，无毛，稍粗糙；叶鞘纸质，无毛，鞘口具约3个大小不等的卵状披针形齿；叶舌舌状。圆锥花序稍密集，小苞片刚毛状。小坚果近球形，略呈钝三棱形，白色。华珍珠茅分布于中国钓鱼岛及广东、海南；柬埔寨、印度尼西亚、老挝、马来西亚、缅甸、巴布亚新几内亚、菲律宾、泰国、越南以及澳大利亚热带地区、太平洋群岛也有分布。

华珍珠茅为多年生草本植物，具木质根茎。秆疏生，叶线形，疏生，末端尾状。圆锥花序，小苞片刚毛状。小坚果白色，球形，熟时显著，故名“珍珠茅”。属名“*Scleria*”意为“硬的”，指坚果坚硬。种加词“*ciliaris*”意为“毛发状的流苏”。

须叶藤

Flagellaria indica

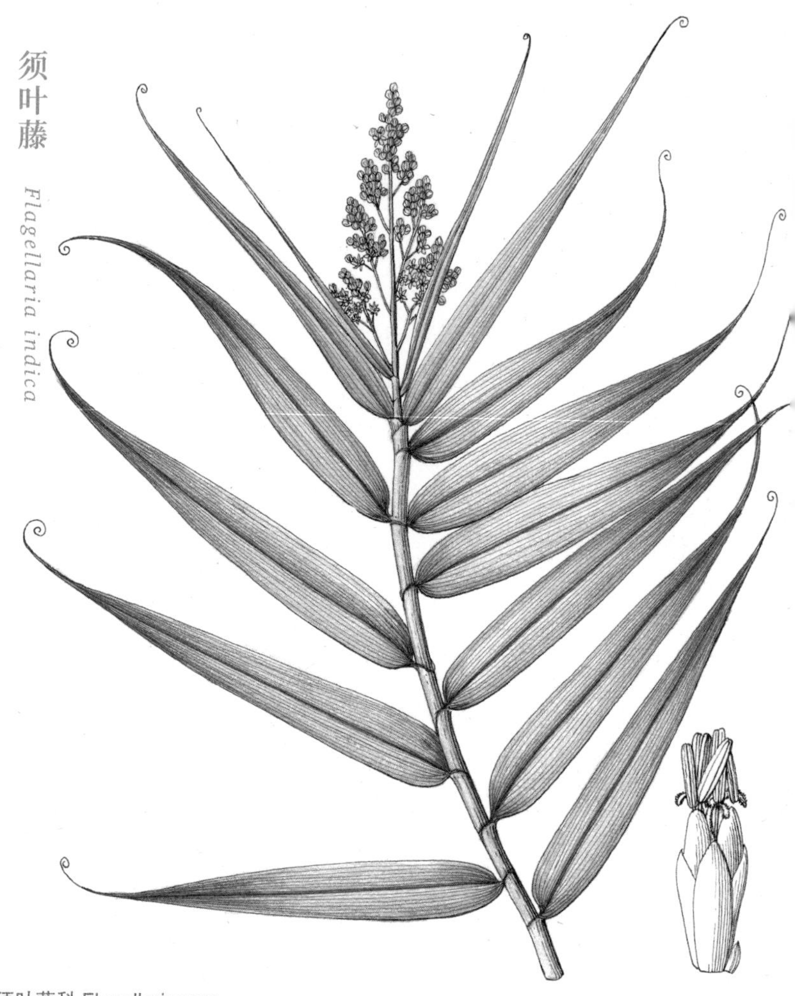

须叶藤科 Flagellariaceae

须叶藤属 *Flagellaria*

多年生攀缘植物。茎圆柱形，下部常粗壮，多少木质化，上部木质或近半木质，分枝，具紧密包裹的叶鞘。叶披针形，二列，无毛；叶片扁平，基部圆形，顶端渐狭成一扁平、盘卷的卷须，常以此攀缘于其他植物上，表面深绿色，有光泽。圆锥花序直立，顶生；花被片白色，薄膜质。核果球形，熟时带黄红色。须叶藤分布于中国钓鱼岛及广东、广西、海南、台湾；柬埔寨、印度、印度尼西亚、日本、马来西亚、缅甸、新几内亚、菲律宾、斯里兰卡、泰国、越南以及非洲、澳大利亚、太平洋群岛也有分布。

须叶藤为多年生攀缘植物，叶披针形，先端变为卷须，并以卷须攀缘，属名“*Flagellaria*”即“鞭子”。圆锥花序，花白色。种加词“*indica*”指本种模式产地为印度。

白茅

Imperata cylindrica

禾本科 Poaceae

白茅属 *Imperata*

多年生草本。秆直立，具 1—3 节。叶舌膜质，紧贴其背部或鞘口具柔毛，分蘖叶片扁平，质地较薄；秆生叶片窄线形，通常内卷，顶端渐尖呈刺状，下部渐窄，或具柄，质硬，被有白粉。圆锥花序稠密，基盘具丝状柔毛。白茅分布于中国钓鱼岛及大部分地区；世界各地广泛分布。

白茅为多年生草本植物，具粗壮的长根状茎，因此能在草地上成片生长，属名“*Imperata*”意思是“霸道的”。花序具丝状柔毛，果期尤其明显，成白色绵状，具有很高的观赏价值。种加词“*cylindrica*”意为“圆筒状的”，指花序的形状。

细穗草

Lepturus repens

禾本科 Poaceae

细穗草属 *Lepturus*

多年生草本。坚硬的秆丛生并具有分枝，基部各节常生有根，有时呈匍匐茎的形状。松弛的纸质叶鞘上端截形并具有纤毛；线形叶片质地硬而内卷，先端锥状，无毛或者上面通常近基部具有柔毛，边缘粗糙，小刺状。穗状花序直立，内含 2 个小花；第二颖先端渐尖或锥状锐尖。颖果椭圆形。细穗草分布于中国钓鱼岛及台湾；日本、印度尼西亚、马来西亚、新几内亚、菲律宾、斯里兰卡、泰国、越南以及非洲东部、澳大利亚北部、印度洋岛屿、太平洋群岛也有分布。

细穗草为多年生草本植物，喜生于沙滩之上。丛生，秆坚硬。叶线形，质硬，内卷，先端锥状。属名“*Lepturus*”意为“瘦弱的”+“展”，指花序细弱。种加词“*repens*”意为“匍匐”，指本种常有匍匐茎。

淡竹叶

Lophatherum gracile

禾本科 Poaceae

淡竹叶属 *Lophatherum*

多年生草本。须根中部膨大成纺锤形小块根。秆直立，具 5—6 节。叶鞘平滑或外侧边缘具纤毛；叶舌质硬；叶片披针形，具横脉，基部收窄成柄状。圆锥花序分枝斜升或开展；小穗线状披针形，不育外稃顶端具长约 1.5 毫米的短芒。颖果长椭圆形。淡竹叶分布于中国钓鱼岛及安徽、福建、广东、广西、贵州、海南、湖北、湖南、江苏、江西、四川、台湾、云南、浙江；柬埔寨、印度、印度尼西亚、日本、韩国南部、马来西亚、缅甸、尼泊尔、新几内亚、菲律宾、斯里兰卡、泰国、越南以及澳大利亚、太平洋群岛也有分布。

淡竹叶为多年生丛生草本植物，须根中部膨大，可入药。叶披针形，似竹叶。花序稀疏，种加词“*gracile*”意为“修长”，指花序分枝较长。属名“*Lophatherum*”意为“鸡冠”+“芒”，指不育小穗外稃的芒呈束状，如鸡冠。

禾本科 Poaceae

雀稗属 *Paspalum*

多年生草本。具根状茎与长匍匐茎，节上抽出直立的枝秆。叶鞘具脊，大多长于节间；叶舌极短；叶片线形，顶端渐尖，内卷。总状花序大多 2 枚，对生，有时 1 或 3 枚，直立，后开展或反折。海雀稗分布于中国钓鱼岛、南小岛及海南、香港、台湾、云南；世界各地热带地区和亚热带地区也有分布。

海雀稗为多年生草本植物，生于滨海沙地上。茎匍匐，叶线形，花序多为 2 枚，对生。属名“*Paspalum*”来自黍的希腊语俗名。种加词“*vaginatum*”意为“具鞘的”。

桂竹

Phyllostachys reticulata

禾本科 Poaceae

刚竹属 *Phyllostachys*

秆高可达 20 米，幼秆无毛，无白粉。箨鞘革质，背面黄褐色，有时带绿色或紫色，有较密的紫褐色斑块与小斑点和脉纹；箨耳小型或大型而呈镰状。末级小枝具 2—4 叶；叶耳半圆形，缝毛发达。桂竹分布于中国钓鱼岛及福建、广东、广西、贵州、河南、湖北、湖南、江苏、江西、陕西、山东、四川、台湾、云南、浙江；日本也有分布。

桂竹为散生型竹类，地下茎横走。幼秆粉绿，后变深绿色。箨鞘革质，箨耳小型或大型而呈镰状。属名“*Phyllostachys*”意为“叶状穗花序的”。种加词“*reticulata*”意为“网状的”。

甘蔗

Saccharum officinarum

禾本科 Poaceae

甘蔗属 *Saccharum*

多年生高大实心草本。根状茎粗壮发达，茎皮坚韧。叶条形，叶片无毛，叶舌极短，生纤毛，边缘粗糙，锯齿状。大型圆锥状花序，总状花序多数轮生，稠密。甘蔗分布于中国黄尾屿及福建、广东、广西、海南、四川、台湾、西藏、云南；亚洲东南部、太平洋群岛也有分布。

甘蔗为多年生高大草本植物，茎秆汁液含糖量极高，常用于制糖或直接食用。属名“*Saccharum*”意为“糖”。甘蔗在古代常作为药物使用，种加词“*officinarum*”指其可作草药。

狗尾草

Setaria viridis

禾本科 Poaceae

狗尾草属 *Setaria*

一年生草本植物。有比较浅的须状根和支持根。秆部直立生长或者在基部膝曲。叶鞘松弛；叶舌极短；叶片长三角状狭披针形或线状披针形，比较扁平。圆锥花序比较紧密，呈圆柱状或者基部稍微有点疏离；椭圆形的小穗簇生于主轴上或更多的小穗着生在短小的枝上，先端钝。颖果灰白色。狗尾草分布于中国钓鱼岛及安徽、福建、甘肃、广东、贵州、河北、黑龙江、河南、湖北、湖南、江苏、江西、吉林、内蒙古、宁夏、青海、陕西、山东、山西、四川、台湾、新疆、西藏、云南、浙江；亚非欧三大洲热带地区和亚热带地区均有分布。

狗尾草是极常见的荒地杂草，广泛分布于全球。属名“*Setaria*”意为“刺毛”，指花下有硬毛，即狗尾草花序毛茸茸的部分。种加词“*viridis*”意为“绿色的”，指花序的颜色。同属其他植物有些种类的花序带颜色。

乌雷草

Thuarea involuta

禾本科 Poaceae

砂滨草属 *Thuarea*

多年生草本。秆匍匐于地面，节处向下生根，向上抽出叶和花序。叶片披针形，通常两面有细柔毛，边缘常部分呈波状皱折。穗状花序；佛焰苞顶端尖，背面被柔毛；穗轴叶状，两面密被柔毛。两性小穗卵状披针形，含 2 小花，仅第二小花结实。乌雷草分布于中国钓鱼岛、南小岛及广东、海南、台湾；印度尼西亚、马来西亚、新几内亚、菲律宾、斯里兰卡、泰国、越南以及澳大利亚、印度洋岛屿、马达加斯加、太平洋群岛也有分布。

乌雷草为多年生匍匐草本植物，喜生于滨海沙地上，常能覆盖整片区域，因此也叫沙丘草。乌雷草叶披针形，边缘波状，种加词“*involuta*”意为“内卷的”，即指叶片边缘稍有内卷。小穗藏于佛焰苞内。属名“*Thuarea*”源于 19 世纪法国植物学家杜比特·图亚斯（Aristide Aubert Du Petit Thouars）的姓氏。

穿鞘花

Amischotolype hispida

鸭跖草科 Commelinaceae

穿鞘花属 *Amischotolype*

多年生粗大草本，根状茎长。茎直立。叶鞘密生褐黄色细长硬毛，口部有同样的毛；叶椭圆形，顶端尾状，基部楔状，渐狭成带翅的柄，两面近边缘处及叶下面主脉的下半端密生褐黄色的细长硬毛。头状花序大，常有花数十朵，花瓣长圆形。穿鞘花分布于中国钓鱼岛及福建南部、广东、广西、贵州、海南、台湾、西藏东南部、云南；柬埔寨、印度尼西亚、日本、老挝、马来西亚、新几内亚、菲律宾、泰国、越南也有分布。

多年生直立草本植物，全株被硬毛，种加词“*hispida*”即“有硬毛的”。叶螺旋状着生，椭圆形。花序头状，生于叶腋，花紫红色，具较高观赏价值。属名“*Amischotolype*”意为“无”+“小花梗”+“簇”，指本属植物花序无总梗且藏于鞘苞内。

耳苞鸭跖草

Commelina auriculata

鸭跖草科 Commelinaceae

鸭跖草属 *Commelina*

匍匐草本。叶具短而明显的叶柄；叶片椭圆形或披针形，顶端急尖或短渐尖，上面疏生糙毛，下面有时被柔毛或两面近无毛。总苞片与叶对生，每个分枝顶端仅有1个花序或2—4个聚生；花序下部一分枝几乎不发育；上部一分枝有2—4朵花。花小，淡蓝色。蒴果小，球状三棱形。种子椭圆状，腹面平，灰褐色，平滑。耳苞鸭跖草分布于中国钓鱼岛、黄尾屿及福建南部、广东、台湾；印度尼西亚、大洋洲西部也有分布。

斜卧或匍匐草本植物，茎细弱。叶椭圆状披针形，每花序有2—4朵小花，花淡蓝色。属名“*Commelina*”是为了纪念17世纪荷兰卡默林（Commelin）家族的植物学家约翰（Johan）和他的侄子卡斯珀（Caspar）。种加词“*auriculata*”意为“耳形的”，指本种的苞片形状。

裸花水竹叶

Murdannia nudiflora

鸭跖草科 Commelinaceae

水竹叶属 *Murdannia*

多年生草本。根须状，纤细。茎多条自基部发出，披散。叶几乎全部茎生，叶鞘通常全面被长刚毛；叶片禾叶状或披针形，顶端钝或渐尖。蝎尾状聚伞花序数个，排成顶生圆锥花序。花瓣紫色。蒴果卵圆状三棱形。种子黄棕色，有深窝孔。裸花水竹叶分布于中国钓鱼岛及安徽中部、福建、广东、广西、河南南部、湖南中西部、江苏、江西、山东中东部、四川中部、云南西南部；不丹、柬埔寨、印度、印度尼西亚、日本、老挝、马来西亚、缅甸、新几内亚、菲律宾、斯里兰卡以及印度洋群岛、太平洋群岛也有分布。

裸花水竹叶为低矮草本植物，纤细。叶披针形，蝎尾状聚伞花序，花瓣紫色，种加词“*nudiflora*”意为“裸花的”，因为本种苞片早落。属名“*Murdannia*”是为了纪念 19 世纪英国植物采集家阿里（Munshi Murdan Ali）。

光叶山姜

Alpinia intermedia

姜科 Zingiberaceae

山姜属 *Alpinia*

株高约 1 米。叶片长圆形或披针形，顶端渐尖，基部渐狭，两面均无毛；叶舌干膜质，具缘毛。圆锥花序直立或下垂，无毛；具分枝，每一分枝的顶端有花 3—4 朵聚生；花白色，花冠裂片近相等；花萼筒状，顶端具圆齿。光叶山姜分布于中国钓鱼岛及广东、台湾；日本、菲律宾也有分布。

光叶山姜为多年生常绿草本植物，丛生。叶似艳山姜，草质，长圆形。姜科植物有很多可以做调料，根状茎（如姜、姜黄）或果实（如草果、豆蔻）都可调味。属名“*Alpinia*”是为了纪念 16 世纪意大利植物学家阿尔皮诺（Prospero Alpino）。种加词“*intermedia*”意为“中间型的”。

艳山姜

Alpinia zerumbet

姜科 Zingiberaceae

山姜属 *Alpinia*

多年生草本，株高 2—3 米。叶片披针形，顶端渐尖而有一旋卷的小尖头，基部渐狭，边缘具短柔毛，两面均无毛。圆锥花序呈总状下垂，在每一分枝上有花 1—2（3）朵；花萼近钟形，白色，顶粉红色，一侧开裂；花冠管较花萼短，乳白色，顶端粉红色。蒴果卵圆形，具显露的条纹，顶端常冠以宿萼，熟时朱红色。艳山姜分布于中国钓鱼岛、黄尾屿以及广东、广西、海南、台湾、云南；孟加拉国、柬埔寨、印度、印度尼西亚、老挝、马来西亚、缅甸、菲律宾、斯里兰卡、泰国、越南也有分布。

艳山姜为多年生高大草本植物，丛生。本种极易栽培，株形高大挺拔，它的花叶品种“花叶艳山姜”栽培非常广泛，展览温室及华南地区公园绿地常可见到。种加词“*zerumbet*”来自本种波斯语俗名。

异果黄堇

Corydalis heterocarpa

罂粟科 Papaveraceae

紫堇属 *Corydalis*

多年生草本，叶片卵圆状三角形，二回羽状全裂。总状花序生于茎和枝顶端，疏具多花和较长的花序轴。花黄色，背部带淡棕色。蒴果长圆形，多少不规则弯曲，种子间的果瓣常呈不规则蜂腰状变细。种子小，表面具刺状突起。异果黄堇分布于中国钓鱼岛、南小岛、北小岛、黄尾屿及山东、浙江西北部；日本也有分布。

异果黄堇为草本植物，全株略带灰绿色。叶子二回羽状，如果不仔细看，和伞形科植物的叶子非常像。不过一旦开花，区别就非常明显了。异果黄堇的花序为总状花序，小花黄色。紫堇属拉丁名“*Corydalis*”本义是一种脑袋上有一撮毛的云雀，指紫堇属植物的花冠后面有一个距。种加词“*heterocarpa*”意为“异形果的”，指异果黄堇的果实不规则弯曲。

台湾佛甲草

Sedum formosanum

景天科 Crassulaceae

景天属 *Sedum*

多年生草本。茎自基部分枝，叶集生于枝顶，互生或对生；叶片匙形、倒卵形或近圆形，先端钝圆形。伞房花序，多花；花瓣黄色，狭披针形，先端锐尖。雄蕊 10 枚；花药黄色，短于花瓣。果实直立。台湾佛甲草分布于中国钓鱼岛、南小岛、北小岛、黄尾屿及台湾；日本和菲律宾也有分布。

台湾佛甲草为生长在沿海地区的景天科植物，可以算多肉植物的一种，但并未进入栽培范围。它的叶密集成莲座状，常覆盖在岩石上，因此又被称为“石板菜”。属名“*Sedum*”意为“坐下”，指本属植物常生于岩石上。种加词“*formosanum*”指模式产地为台湾。

毛葡萄

Vitis heyneana

葡萄科 Vitaceae

葡萄属 *Vitis*

多年生木质藤本。幼小的枝条、叶柄和花序轴上密生丝状柔毛。叶正面没有毛，背面密生有浅豆沙色茸毛。叶卵状五角形，先端急尖或渐尖，基部心形或微心形。圆锥花序的分枝平展生长，淡黄绿色的小花具有细梗，花萼不明显，花瓣 5 枚。浆果球形。毛葡萄分布于中国钓鱼岛及安徽、重庆、福建、甘肃、广东、广西、贵州、河北、河南、湖北、湖南、江苏、江西、陕西、山东、山西、四川、西藏、云南、浙江；不丹、印度、尼泊尔也有分布。

毛葡萄为多年生木质藤本植物，植株各部位密被白色柔毛。果实直径约 1 厘米，可以食用。属名“*Vitis*”意为“藤本”。种加词“*heyneana*”源自德国植物学家海涅（Fedrich Gottlob Heyne）的姓氏。

日本假卫矛

Microtropis japonica

卫矛科 Celastraceae

假卫矛属 *Microtropis*

常绿灌木或小乔木。深灰褐色的小枝条比较光滑。革质的叶片椭圆形、阔椭圆形、菱状椭圆形或卵状椭圆形，先端钝，基部楔形，下延，叶缘稍反卷。聚伞花序腋生或者顶生和腋生同时存在；花黄白色；阔半圆形的萼片厚而边缘具有不整齐的细齿，在果期会宿存；花瓣稍肉质，长方椭圆形；肉质花盘环状，极浅的 5 钝裂。蒴果长方椭圆状，种子倒卵椭圆状，表面朱红色或暗红色。日本假卫矛分布于中国钓鱼岛及台湾；日本也有分布。

日本假卫矛为常绿灌木或小乔木。果长方椭圆形，表面有微纵棱，属名“*Microtropis*”意为“小的”+“龙骨”，即指果实表面纵棱。

酢浆草

Oxalis corniculata

酢浆草科 Oxalidaceae

酢浆草属 *Oxalis*

多年生草本，整株都有稀疏的柔毛；匍匐或斜升的根状茎上生长出根和很多分枝。叶互生，小托叶长圆形或者卵形并在边缘上生长有长柔毛，基部与叶柄合生；叶柄的基部有关节；掌状复叶有 3 个倒心形无柄的小叶。黄色小花腋生，单生或者多个聚集成伞状花序。花瓣 5 枚，长圆状倒卵形。褐色或红棕色的蒴果长圆柱形，有 5 个棱，熟后炸裂。酢浆草分布于中国钓鱼岛及安徽、重庆、福建、甘肃、广东、广西、贵州、海南、河北、河南、湖北、湖南、内蒙古、江苏、江西、辽宁、青海东部、陕西、山东、山西、四川、台湾、西藏、云南、浙江；世界各地广布。

酢浆草是常见的杂草，几乎遍布全球，荒地、林下、绿地、花盆，都能找到它的踪迹。多年生草本，具肉质根茎。茎匍匐或斜生，多分枝。掌状复叶，3 小叶倒心形。花黄色。果实熟后一碰就会炸裂，将种子弹射出去。属名“*Oxalis*”意为“酸”，指叶子有酸味。种加词“*corniculata*”意为“有小角的”，指叶形。

山杜英

Elaeocarpus sylvestris

杜英科 Elaeocarpaceae

杜英属 *Elaeocarpus*

小乔木，高约 10 米；小枝纤细，通常秃净无毛。叶纸质，倒卵形或倒披针形，无毛，基部窄楔形，下延，侧脉 5—6 对。总状花序生于枝顶叶腋内，花瓣倒卵形，上半部撕裂，裂片 10—12 条，雄蕊 13—15 枚。核果细小，椭圆形。山杜英分布于中国钓鱼岛及福建、广东、广西、贵州、海南、湖南、江西、四川、云南、浙江；越南也有分布。

山杜英为常绿乔木，虽然不像落叶树一样在秋天统一变色落叶，却一年四季都有几片红叶，红绿相间，格外美丽，常用于园林绿化。属名“*Elaeocarpus*”意为“油橄榄”+“果实”，指山杜英的果实和油橄榄形状相似。种加词“*sylvestris*”意为“野生的”。

钓鱼岛金丝桃

Hypericum senkakuinsulare

金丝桃科 Hypericaceae

金丝桃属 *Hypericum*

常绿灌木，树皮红棕色。叶椭圆形至长椭圆形，先端钝或急尖，基部楔形。花黄色，花瓣倒卵形，先端钝或微尖，边缘微波状。雄蕊 5 束。钓鱼岛金丝桃特产于中国钓鱼岛。

钓鱼岛金丝桃为钓鱼岛特有物种，仅分布于钓鱼岛上。由于分布区域狭窄、人为引入的山羊对其造成破坏，钓鱼岛金丝桃被评为极危（CR）物种。属名“*Hypericum*”为“上”+“图片”，因古时将金丝桃属植物悬挂于图片上以辟邪。种加词“*senkakuinsulare*”意为“钓鱼岛的”。

三蕊沟繁缕

Elatine triandra

沟繁缕科 Elatinaceae

沟繁缕属 *Elatine*

矮小柔弱的一年生草本植物。茎圆柱状，匍匐生长，分枝较多，在短的节间生有根。叶对生，近膜质，卵状长圆形、披针形至条状披针形，先端钝，基部渐狭，全缘，侧脉细，正面没有毛，无柄或具有短柄。花单生于叶腋；3 枚白色或粉红色的花瓣呈阔卵形或椭圆形，比萼片长；3 枚雄蕊短于花瓣。扁球形的蒴果内有很多种子。三蕊沟繁缕分布于中国钓鱼岛及广东、黑龙江、吉林、台湾；印度、印度尼西亚、日本、马来西亚、尼泊尔、菲律宾以及澳大利亚、欧洲、北美洲、太平洋群岛也有分布。

三蕊沟繁缕为一年生矮小草本植物，常用作水族缸底铺地草。茎匍匐，多分枝。叶对生，长圆状披针形。属名“*Elatine*”为本种的古希腊名。种加词“*triandra*”意为“三雄蕊的”。

台湾箣柊

Scolopia oldhamii

杨柳科 Salicaceae

箣柊属 *Scolopia*

常绿小乔木或灌木，高 3—6 米；树皮灰褐色，光滑不裂，有斑痕；小枝幼时有刺，老枝黑褐色，有皮孔。叶近革质至革质，卵形、长椭圆形至卵状披针形，先端钝，基部宽楔形，边全缘或具浅而疏之齿，两面无毛，侧脉不伸至叶缘而相互连接。花淡黄色，数朵，呈总状花序，腋生或顶生；花瓣 5—6，圆形，先端圆钝，基部通常有 2 腺体；雄蕊多数，伸出花冠外。浆果倒卵状长圆形。台湾箣柊分布于中国钓鱼岛及福建、台湾；日本也有分布。

台湾箣柊有非常漂亮的小花，开花时白色的雄蕊如星芒般放射。但这种植物不好惹，因为它的枝干上长满了尖利多杈的枝刺，用以防御各种食草动物。本属多数种类都具刺，属名“*Scolopia*”意为“尖利之物”。种加词“*oldhamii*”源自 19 世纪邱园植物采集家奥尔德姆（Richard Oldham）的姓氏。

银叶巴豆

Croton cascarilloides

大戟科 Euphorbiaceae

巴豆属 *Croton*

灌木；幼枝、叶、叶柄、花序和果均密被紧贴的鳞腺。叶互生，常密生于枝顶部，披针形、倒披针形或椭圆形至倒卵状椭圆形，顶端短尖、渐尖或近圆形或微凹，向基部渐狭，基部钝或微心形，全缘，上面的鳞腺早脱落，下面被苍灰色或浅褐色鳞腺。花序顶生，花瓣倒卵形，具白色缘毛；雄蕊 15—20 枚，花丝下部被白色长柔毛。蒴果近球形。银叶巴豆分布于中国钓鱼岛及福建、广东、广西、海南、台湾、云南；印度尼西亚、日本、老挝、马来西亚、缅甸、菲律宾、泰国、越南也有分布。

银叶巴豆的叶片上生有鳞腺，背面密被鳞腺，因此叶背呈现白色，这一点和胡颓子科植物比较类似。属名“*Croton*”意为“扁虱”，指本属的种子形状。种加词“*cascarilloides*”意为“像苦香巴豆属（*Cascarilla*）的”。

海滨大戟

Euphorbia atoto

大戟科 Euphorbiaceae

大戟属 *Euphorbia*

多年生亚灌木状草本。茎基部木质化，向上斜展或近匍匐，多分枝；茎节膨大而明显。叶对生，长椭圆形或卵状长椭圆形，质地近于薄革质，先端钝圆，基部偏斜，近圆形或圆心形。花序单生于多歧聚伞状分枝的顶端，边缘具白色附属物。蒴果三棱状。海滨大戟分布于中国钓鱼岛、南小岛以及广东南部、海南、台湾；柬埔寨、印度、印度尼西亚、日本、老挝、马来西亚、缅甸、菲律宾、斯里兰卡、泰国、越南以及澳大利亚、太平洋群岛也有分布。

海滨大戟常生长于沿海沙地或裸露地区，为多年生草本植物，常匍匐于地面。海滨大戟和地锦草相似，但叶片近薄革质，叶较大，花的附属物白色，较显著。属名“*Euphorbia*”源自古罗马时代的希腊御医欧福尔玻斯（Euphorbus）之名，指本属植物可以入药。种加词“*atoto*”为海滨大戟在夏威夷的俗名。

小叶黑面神

Breynia vitis-idaea

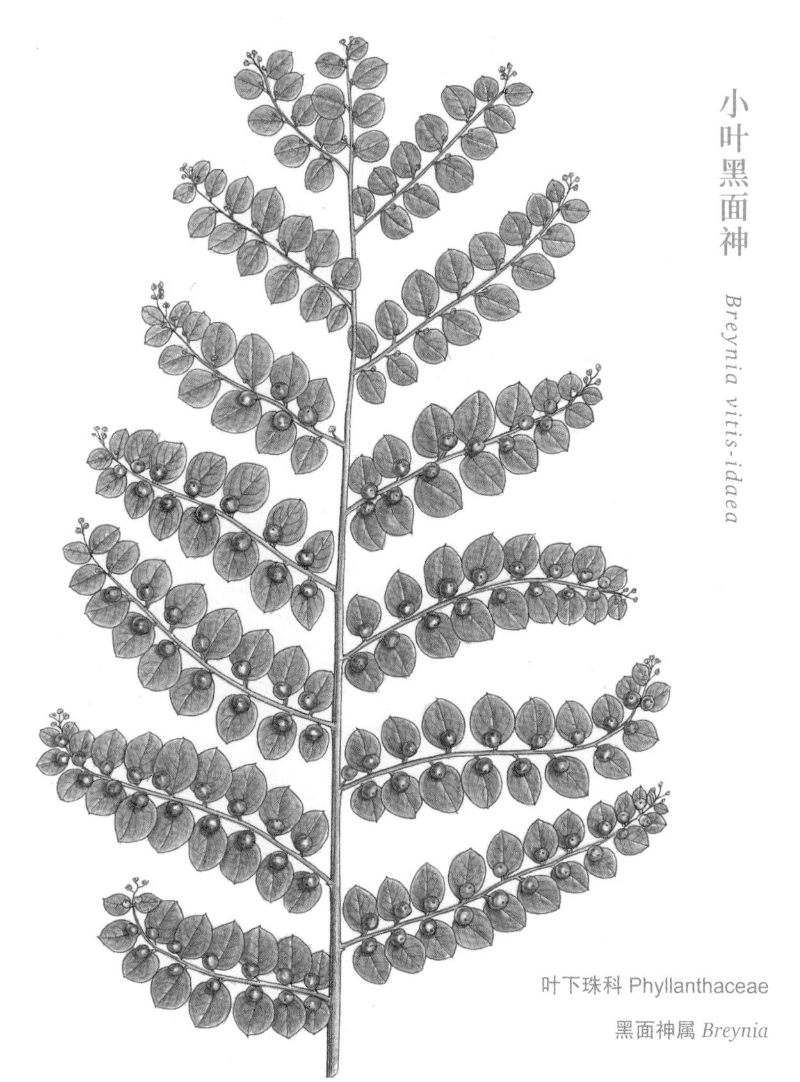

叶下珠科 Phyllanthaceae

黑面神属 *Breynia*

灌木，多分枝，枝条纤细，全株均无毛。叶片膜质，二列，卵形、阔卵形或长椭圆形，顶端钝至圆形，基部钝，上面绿色，下面粉绿色或苍白色。花小，绿色，单生或几朵组成总状花序。蒴果卵珠状，顶端扁压状，基部有宿存的花萼。小叶黑面神分布于中国钓鱼岛、南小岛、黄尾屿及广东、贵州、云南；孟加拉国、柬埔寨、印度、印度尼西亚、老挝、马来西亚、缅甸、尼泊尔、巴基斯坦、菲律宾、斯里兰卡、泰国、越南也有分布。

小叶黑面神又叫红仔珠，它的果实红色而数量较多，着生于每个叶腋处，并且每个果实都向上生长，非常显著，观赏性强。同属很多植物都是常见观赏植物。属名“*Breynia*”是为了纪念17世纪德国植物学家白里居（Johann Philipp Breyn）。种加词“*vitis-idaea*”意为艾达山（Ida）之藤，艾达山为希腊神话中的神山。

倒卵叶算盘子

Glochidion obovatum

叶下珠科 Phyllanthaceae

算盘子属 *Glochidion*

灌木或小灌木；枝条被短柔毛。叶片倒卵形或长圆状倒卵形，顶端钝或短渐尖，基部楔形，干后棕色，无毛。聚伞花序生于叶腋；雄花萼片 6，倒卵形，雄蕊 3，合生；雌花萼片与雄花的相同。蒴果扁球状，具 8—12 条纵沟。倒卵叶算盘子分布于中国钓鱼岛及福建、台湾、浙江；日本也有分布。

倒卵叶算盘子叶子形态非常独特，为显著的倒卵形，最宽处约在叶子上靠近先端的 1/4 处。属名“*Glochidion*”意为“突点”，指本属植物花药具长尖。种加词“*obovatum*”意为“倒卵形的”，指本种的叶形。

日本火索藤

Phanera japonica

豆科 Fabaceae

火索藤属 *Phanera*

藤本，具卷须，除花序和幼果外全株无毛。小枝具沟和棱。叶纸质，外轮廓近圆形，基部通常深心形，先端深裂达叶长的 1/3—1/2，裂片卵形，先端钝，两面光滑无毛。总状花序顶生，多花，密被锈色、紧贴的短柔毛，花瓣淡绿色，瓣片倒卵状长圆形，先端圆钝。荚果长圆状舌形，初时扁平，密被锈色、伏贴的绢毛。日本火索藤分布于中国钓鱼岛及广东、海南；日本也有分布。

日本火索藤的叶片圆形，中间二裂，形似羊蹄，因此曾被置于羊蹄甲属中，后将其与类似的具卷须、花序花较多的藤本种类从羊蹄甲属中独立出来，归为火索藤属。属名“*Phanera*”意为“显著的、明显的、突出的”，指本属叶脉明显。

狭刀豆

Canavalia lineata

豆科 Fabaceae

刀豆属 *Canavalia*

多年生缠绕草本。茎具线条，被极疏的短柔毛，后变无毛。羽状复叶具 3 小叶，小叶硬纸质，卵形或倒卵形，先端圆或具小尖头，基部截平或楔形。总状花序腋生，花冠淡紫红色，旗瓣宽卵形，顶微凹，基部具 2 痂状附属体及 2 耳。荚果长椭圆形，扁平，缝线增厚；种子卵形。狭刀豆分布于中国钓鱼岛及福建、广东、广西、台湾、浙江；柬埔寨、印度尼西亚、日本、韩国、菲律宾、越南也有分布。

狭刀豆是一种生长在沙地上的豆科植物，花大，淡紫红色，结刀状豆荚，可以食用，但必须水煮并漂洗才行。属名“*Canavalia*”来自印度西南部的方言，种加词“*lineata*”意为“线形的”。

鱼藤

Derris trifoliata

豆科 Fabaceae

鱼藤属 *Derris*

攀缘状灌木。枝叶均无毛。羽状复叶互生；小叶通常 2 对，有时 1 或 3 对，厚纸质或薄革质，卵形或卵状长椭圆形，先端渐尖，钝头，基部圆形或微心形。总状花序腋生，花冠白色或粉红色，旗瓣近圆形。荚果斜卵形、圆形或阔长椭圆形，扁平，仅于腹缝有狭翅，有种子 1—2 粒。鱼藤分布于中国钓鱼岛及福建、广东、广西、海南、台湾；柬埔寨、印度、印度尼西亚、日本、马来西亚、巴布亚新几内亚、斯里兰卡、泰国、越南以及非洲东部、澳大利亚、太平洋群岛也有分布。

鱼藤为攀缘灌木，它的根含有鱼藤酮，对鱼类有毒，对人却毒性较弱，因此古代曾用鱼藤来捕鱼。鱼藤分布于沿海红树林及灌丛地带，如大量生长则会对红树林造成影响。属名“*Derris*”意为“革质覆盖物”，指坚硬的种荚。种加词“*trifoliata*”意为“三小叶的”。

琉球乳豆

Galactia tashiroi

豆科 Fabaceae

乳豆属 *Galactia*

多年生蔓生草本或草质藤本。茎圆柱形，密被白色长柔毛。叶具 3 小叶，较厚，近革质，宽倒卵形、宽椭圆形至近圆形，先端圆或微凹，基部钝圆，上面无毛，下面被紧贴的白色长柔毛，顶生小叶与侧生小叶着生于一点上。总状花腋生，花淡紫红色。荚果线形，扁。琉球乳豆分布于中国钓鱼岛、南小岛及台湾；日本也有分布。

琉球乳豆是一种能生长在干旱、贫瘠沙地的植物，常常覆盖于沿海沙地之上。它的花淡紫红色，隐藏在叶丛之中。属名“*Galactia*”来自古希腊语，意为“乳状的”。种加词“*tashiroi*”源自日本植物学家田代安定（Yasusada Tashiro）的姓氏。

兰屿百脉根

Lotus taitungensis

豆科 Fabaceae

百脉根属 *Lotus*

多年生草本，被细柔毛。茎近肉质，平卧或斜升。羽状复叶小叶 5 枚；顶端 3 小叶，倒卵状披针形至阔线形，叶柄基部 2 小叶较小，贴茎生。伞形花序腋生；总花梗顶端有 3 枚叶状苞片或仅着生 1 枚叶片；花冠白色，偶为红色或带紫色，旗瓣瓣片近圆形，花开后反折；龙骨瓣阔镰形，先端弯曲，具黑色晕斑。荚果线状圆柱形。兰屿百脉根分布于中国钓鱼岛及台湾；日本也有分布。

兰屿百脉根喜生于砂石地上，匍匐生长。小花组成伞形花序生于叶腋处，花白色。属名“*Lotus*”来自古希腊神话中的植物名，种加词“*taitungensis*”指模式产地为中国台湾省台东。

滨豇豆

Vigna marina

豆科 Fabaceae

豇豆属 *Vigna*

多年生匍匐或攀缘草本；羽状复叶具 3 小叶，小叶近革质，卵圆形或倒卵形，先端浑圆，钝或微凹，基部宽楔形或近圆形。花冠黄色，旗瓣倒卵形。荚果线状长圆形，微弯，肿胀，种子间稍收缩。种子黄褐色或红褐色，长圆形。滨豇豆分布于中国钓鱼岛、南小岛、黄尾屿及海南、台湾；热带地区也有分布。

滨豇豆因常生于海滨地带而得名，种加词“*marina*”意为“海中的”。滨豇豆通常匍匐，3 出革质羽状复叶，小叶卵圆形，花黄色，荚果种子间略收缩。属名“*Vigna*”是为了纪念 17 世纪意大利植物学教授维格纳（Dominico Vigna）而命名。

石斑木

Rhaphiolepis indica

蔷薇科 Rosaceae

石斑木属 *Rhaphiolepis*

常绿灌木。叶片集生于枝顶，卵形、长圆形，先端圆钝，急尖、渐尖或长尾尖，基部渐狭连于叶柄，边缘具细钝锯齿，上面光亮，平滑无毛。顶生圆锥花序或总状花序，花瓣 5，白色或淡红色，倒卵形或披针形，先端圆钝。果实球形，紫黑色。石斑木分布于中国钓鱼岛及安徽、福建、广东、广西、贵州、海南、湖南、江西、台湾、云南、浙江；柬埔寨、日本、老挝、泰国、越南也有分布。

石斑木是一种观赏性很强的常绿灌木，花白色至粉色，花开繁茂，因此有一个美丽的俗名“车轮梅”。石斑木耐旱、耐日晒，即使土壤贫瘠也能开出美丽的花朵，在园林上已有不少应用。属名“*Rhaphiolepis*”意为“针”+“鳞片”，指它的苞片狭披针形。

厚叶石斑木

Rhaphiolepis umbellata

薔薇科 Rosaceae

石斑木属 *Rhaphiolepis*

常绿灌木或小乔木，枝粗壮，极叉开。叶片厚革质，长椭圆形、卵形或倒卵形，先端圆钝至稍锐尖，基部楔形，全缘或有疏生钝锯齿，边缘稍向下方反卷，上面深绿色，稍有光泽，下面淡绿色。圆锥花序伞形，顶生，直立。花瓣白色至粉色，倒卵形。果实球形，黑紫色带白霜，顶端有萼片脱落残痕。厚叶石斑木分布于中国钓鱼岛及台湾、浙江东部；日本也有分布。

厚叶石斑木和石斑木形态相似，但厚叶石斑木的叶片常为全缘，花也更大一些。种加词“*umbellata*”意为“伞形花序的”。

大叶胡颓子

Elaeagnus macrophylla

胡颓子科 Elaeagnaceae

胡颓子属 *Elaeagnus*

常绿直立灌木，无刺。叶厚纸质或薄革质，卵形至宽卵形，顶端钝形或钝尖，基部圆形至近心脏形，全缘，下面银白色，密被鳞片。花白色，被鳞片，略开展，常 1—8 花生于叶腋短小枝上。果实长椭圆形，被银白色鳞片，熟时红色。大叶胡颓子分布于中国钓鱼岛及江苏、山东、台湾、浙江；日本、韩国南部也有分布。

胡颓子属植物有一个非常好辨认的特征，即叶背覆盖银色的鳞片，全株其他部位多少也有鳞片。这是胡颓子适应干旱的一种特征。大叶胡颓子的果实可以食用，熟后红色，略带酸甜。属名“*Elaeagnus*”为“油橄榄”+“牡荆”，指本属的果实形态像油橄榄。种加词“*macrophylla*”意为“大叶的”。

垂叶榕

Ficus benjamina

桑科 Moraceae

榕属 *Ficus*

常绿大乔木，树冠比较宽阔；树皮平滑而呈灰色，小枝条下垂生长。光滑的叶片薄革质而全缘，长椭圆形，先端渐尖至尾尖；叶柄上面有沟槽；托叶披针形。榕果光滑并成对或者单个生长在叶腋，成熟之后变成红色至黄色；雄花、瘿花和雌花共同生长在一个榕果里面。瘦果卵状肾形。垂叶榕分布于中国钓鱼岛及广东西南部、广西、贵州、海南、台湾南部、云南；不丹、柬埔寨、印度、老挝、马来西亚、缅甸、尼泊尔、新几内亚、菲律宾、泰国、越南以及澳大利亚北部、太平洋群岛也有分布。

垂叶榕为常绿大乔木，因为叶柔软下垂，观赏性较强，所以栽培非常普遍。属学名“*Ficus*”是无花果的拉丁名称，种加词“*benjamina*”为该种在印度的名字。

矮小天仙果

Ficus erecta

桑科 Moraceae

榕属 *Ficus*

大型落叶灌木，高 3—4 米；枝粗壮，叶倒卵形至狭倒卵形，先端急尖，基部圆形或浅心形，表面无毛，微粗糙，背面近光滑。榕果单生于叶腋，球形，无毛，成熟时紫红色。矮小天仙果分布于中国钓鱼岛、黄尾屿及福建、广东、广西、贵州、湖北、湖南、江苏南部、江西、台湾、云南、浙江；日本、韩国、越南也有分布。

榕属植物为典型的热带植物，但矮小天仙果广布我国中东部及南方。虽然它几乎一年四季都可以开花，但春季的花主要供传粉昆虫榕小蜂居住繁殖，夏秋才产生可育的果实。它的果实比无花果小得多，通常直径只有 1—2 厘米，但是颜色十分好看，暗红色至紫红色的果实藏在叶腋之间。种加词“*erecta*”是“直立”的意思。

薜荔

Ficus pumila

桑科 Moraceae

榕属 *Ficus*

攀缘或匍匐灌木，叶二型，不结果枝节上生不定根，叶卵状心形；结果枝上无不定根，叶卵状椭圆形；托叶 2，披针形，被黄褐色丝状毛。榕果单生于叶腋，瘿花果梨形，雌花果近球形，顶部截平，幼时被黄色短柔毛，成熟后黄绿色或微红。薜荔分布于中国钓鱼岛及安徽、福建、广东、广西、贵州、河南、湖北、湖南、江苏、江西、陕西南部、四川、台湾、云南、浙江；日本、越南也有分布。

薜荔为藤本植物，它的果实不可直接食用，但可以制作成凉粉，所以也被叫作“凉粉果”。薜荔的果实形状像莲蓬，常常攀附于树木之上，所以称为木莲，制作的凉粉又称为“木莲豆腐”。薜荔能够制作凉粉的原因是种子外含有果胶，只需要在凉水中揉搓种子，得到的溶液不需要添加凝固剂或加热就可以自行凝固。种加词“*pumila*”为“矮小”的意思，而榕属其他种类多为高大乔木。

白背爬藤榕

Ficus sarmentosa var. *nipponica*

桑科 Moraceae

榕属 *Ficus*

木质藤状灌木。叶二列状，革质，椭圆状披针形，背面浅黄色或灰黄色。榕果球形，直径 1—1.2 厘米，无毛，外面有黏液，熟后紫黑色。白背爬藤榕分布于中国钓鱼岛及福建、广东、广西、贵州、湖北、江西、四川、台湾、西藏、云南、浙江；日本、韩国也有分布。

白背爬藤榕为藤状灌木，常常依附在树木或石头上。原变种匍茎榕在我国有包括白背爬藤榕在内的 7 个变种，遍布我国中部、西部及南方广大地区。果实近球形，表面有瘤点，成熟后紫黑色。种加词“*sarmentosa*”意为“有长匍茎”，种下加词“*nipponica*”指模式产地为日本。

笔管榕

Ficus subpisocarpa

桑科 Moraceae

榕属 *Ficus*

落叶乔木，偶具气生根；树皮黑褐色，小枝淡红色，无毛。叶互生或簇生，近纸质，无毛，椭圆形至长圆形，先端短渐尖，基部圆形，边缘全缘或微波状；披针形，早落。榕果单生，成对或簇生于叶腋，或生无叶枝上，扁球形，成熟时紫黑色，顶部微下陷，基生苞片 3，宽卵圆形，革质；雄花、瘿花、雌花生于同一榕果内；雄花很少，生内壁近口部，雌花花柱短，侧生，柱头圆形；瘿花多数，与雌花相似，仅子房有粗长的柄，柱头线形。笔管榕分布于中国钓鱼岛、黄尾屿及福建、广东、广西、海南、台湾、云南南部、浙江东南部；日本、老挝、马来西亚、缅甸、泰国、越南也有分布。

笔管榕为高大的乔木，每年长新叶时，新芽外面的托叶粉红色，如同蘸着朱砂的毛笔，所以叫作笔管榕。种加词“*subpisocarpa*”为“稍”+“豌豆状果实”，指它的果实状如豌豆。

岛榕

Ficus virgata

桑科 Moraceae

榕属 *Ficus*

常绿附生中小乔木，小枝浅黄至黄褐色，平滑，叶近对称，革质，两面无毛，长卵形，先端短尖，基部稍歪斜；叶柄有糠秕状鳞片，托叶披针形，薄膜质。榕果单生或成对腋生，卵圆形至梨形，成熟时橙黄色至紫红褐色，表面光滑。瘦果短椭圆形。岛榕分布于中国钓鱼岛、黄尾屿及台湾；印度尼西亚、日本、新几内亚、菲律宾以及澳大利亚东北部、太平洋群岛也有分布。

岛榕为常绿中小乔木，常常附生。它的果实熟后为黄色，形状比较奇特，在顶端位置常常缢缩成梨状。种加词“*virgata*”意为“多直细枝的”。

鸡桑

Morus australis

桑科 Moraceae

桑属 *Morus*

灌木或小乔木，树皮灰褐色。叶卵形，先端急尖或尾状，基部楔形或心形，边缘具粗锯齿，不分裂或 3—5 裂，表面粗糙，密生短刺毛，背面疏被粗毛。花柱很长，柱头 2 裂。聚花果短椭圆形，成熟时红色或暗紫色。鸡桑分布于中国钓鱼岛、黄尾屿及安徽、福建、甘肃、广东、广西、海南、河北、河南、湖北、湖南、江苏、江西、辽宁、陕西、山东、山西、四川、台湾、西藏东南部、云南、浙江；不丹、印度、日本、韩国、缅甸、尼泊尔也有分布。

如果不仔细看，很容易把鸡桑和桑树搞混。它们的叶子非常相似，都是卵形的，不裂或 3—5 裂。在开花和结果时，区别就非常明显了：鸡桑的花柱很长，一般在 2 毫米以上，而桑的花柱并不明显。鸡桑的果实如桑葚一样，也可食用。属名“*Morus*”是桑的古拉丁语名，种加词“*australis*”意为“南方的”。

苎麻

Boehmeria nivea

荨麻科 Urticaceae

苎麻属 *Boehmeria*

亚灌木或灌木；茎上部与叶柄均密被开展的长硬毛以及近开展和贴伏的短糙毛。叶互生；叶片草质，通常圆卵形或宽卵形，顶端骤尖，基部近截形或宽楔形，边缘在基部之上有牙齿，上面稍粗糙，疏被短伏毛，下面密被雪白色毡毛。圆锥花序腋生，或植株上部的为雌性，下部的为雄性，或同一植株的花序全为雌性。柱头丝形。瘦果近球形，光滑，基部突缩成细柄。苎麻分布于中国钓鱼岛及安徽南部、福建、广东、广西、贵州、海南、湖北、湖南、江西、陕西南部、四川、台湾、云南、浙江；不丹、柬埔寨、印度、印度尼西亚、日本、韩国、老挝、尼泊尔、泰国、越南也有分布。

苎麻含有较多的纤维，是中国古代重要的麻用植物之一，用于制作麻绳、麻布和造纸，应用历史超过 4700 年。属名“*Boehmeria*”以德国植物学家博埃默（George Rudolf Boehmer）的姓氏命名。种加词“*nivea*”意为“雪白的”，指苎麻的叶背白色。

苔水花

Pilea peploides

荨麻科 Urticaceae

冷水花属 *Pilea*

一年生小草本，无毛，常丛生。茎肉质，带红色，纤细，下部裸露，节间疏长，上部节间较密，不分枝或有少数分枝。叶膜质，常集生于茎和枝的顶部，同对的近等大，菱状圆形，稀扁圆状菱形或三角状卵形，先端钝，稀近锐尖，基部常楔形或宽楔形，稀近圆形；边缘全缘或波状，稀上部有不明显的钝齿，两面生紫褐色斑点，下面尤其明显。雌雄同株，雌花序与雄花序常同生于叶腋，或分别单生于叶腋。瘦果卵形，顶端稍歪斜，熟时黄褐色，光滑。苔水花分布于中国钓鱼岛、南小岛、北小岛、黄尾屿及安徽、福建、广东、广西、贵州、河北、河南、湖南、江西、辽宁、内蒙古东部、台湾、浙江；不丹、印度北部、印度尼西亚、日本、韩国、缅甸、俄罗斯、泰国、越南以及太平洋群岛也有分布。

苔水花是一种非常迷你的植物，通常仅几厘米高，生长在阴湿环境中。属名“*Pilea*”意为“帽状”。种加词“*peploides*”意为“像荸艾的”，指苔水花长得像千屈菜科的荸艾属（*Peplis*）植物。

青冈

Cyclobalanopsis glauca

壳斗科 Fagaceae

青冈属 *Cyclobalanopsis*

常绿乔木，高达20米。小枝无毛。叶片革质，倒卵状椭圆形或长椭圆形，顶端渐尖或短尾状，基部圆形或宽楔形，叶缘中部以上有疏锯齿，叶背支脉明显。叶面无毛，叶背有整齐平伏白色单毛，老时渐脱落，常有白色鳞秕。雄花序长5—6厘米，花序轴被苍色茸毛。果序着生果2—3个。壳斗碗形，包着坚果1/3—1/2，小苞片合生成5—6条同心环带。青冈分布于中国钓鱼岛及安徽、福建、甘肃、广东、广西、贵州、河南、湖北、湖南、江苏、江西、陕西、四川、台湾、西藏、云南、浙江；阿富汗、不丹、印度北部、日本、克什米尔、韩国、尼泊尔、越南也有分布。

青冈为我国亚热带地区常见植物，是常绿落叶阔叶林的主要树种之一。青冈的果实很有意思，坚果被碗状的壳斗所包裹。属名“*Cyclobalanopsis*”为*Cyclobalanus*（柯属的异名）+“类似”，指它们外形相似。种加词“*glauca*”指青冈叶背粉白色。

杨梅

Morella rubra

杨梅科 Myricaceae

杨梅属 *Morella*

常绿乔木，高可超过 15 米。树皮灰色，老时纵向浅裂。叶革质，无毛，常密集于小枝上端；叶长椭圆形至楔状倒卵形，顶端圆钝或具短尖至急尖，基部楔形，全缘或偶有在中部以上具少数锐锯齿。雌雄异株。核果球状，外果皮肉质，多汁液及树脂，味酸甜，成熟时深红色或紫红色。杨梅分布于中国钓鱼岛及福建、广东、广西、贵州、海南、湖南、江苏、江西、四川、台湾、云南、浙江；日本、韩国、菲律宾也有分布。

杨梅是一种常见的水果，酸甜可口，可食用的部分其实是杨梅的外果皮。杨梅因“形如水杨子，味似梅”而得名，水杨子指桤木（*Alnus cremastogyne*），两者果实形状稍相似。属名“*Morella*”意为“像小的桑”，也是指它的果实形状。杨梅的属名曾用“*Myrica*”，后经研究 *Myrica* 属被拆分为两个属，而杨梅被归为 *Morella* 属。种加词“*rubra*”意为“红色的”，指杨梅的果实颜色。

台湾马瓟儿

Zehneria guamensis

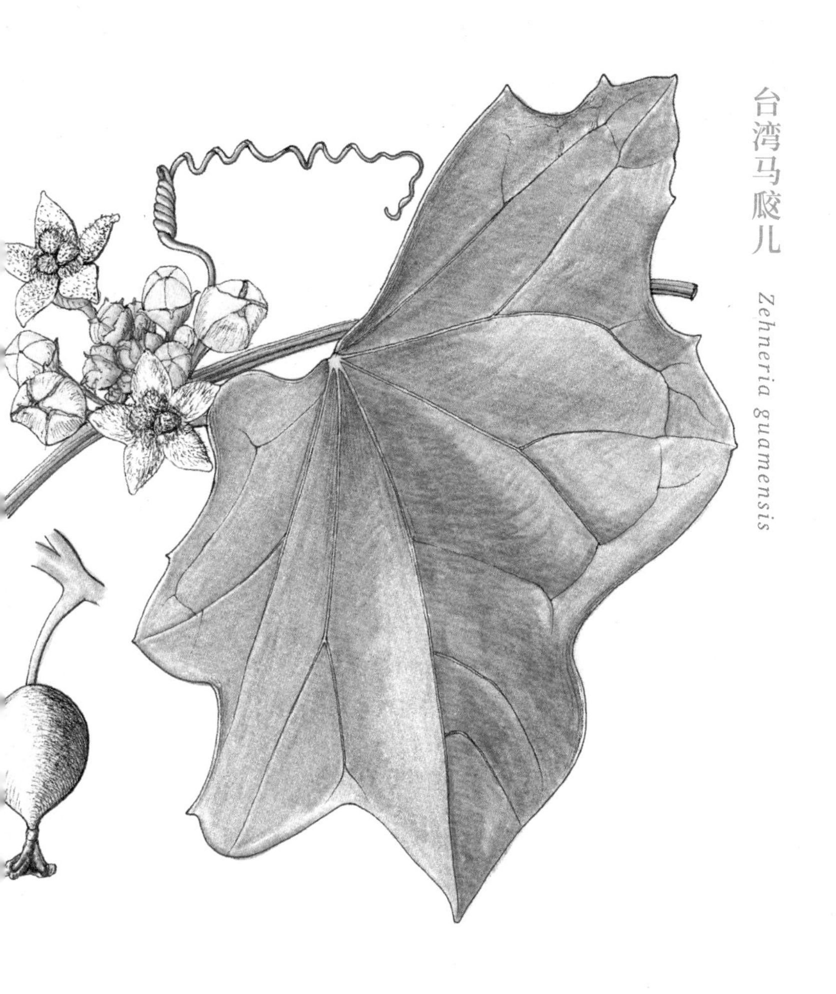

葫芦科 Cucurbitaceae

马瓟儿属 *Zehneria*

植株斜升。茎和分枝纤细，无毛或很少被微柔毛。卷须丝状，简单。叶柄纤细，宽卵形，膜质，粗糙，不分裂或 3—5 浅裂，边缘不规则，具小齿或齿尖，先端锐尖、短尖或渐尖，基部钝圆。雌雄异体。雄花梗纤细，具 10—30 花，雌花单生或有时几朵簇生。果实成熟时橙红色略带紫色，卵状长圆形。台湾马瓟儿分布于中国钓鱼岛、南小岛、北小岛、黄尾屿以及广东、台湾、云南；日本、太平洋群岛也有分布。

“瓟”是一个罕用字，它的意思是“小瓜”。马瓟儿属植物的果实通常直径仅数厘米，一些种类的果实表面会有西瓜一样的纹路，是名副其实的“小瓜”。属名“*Zehneria*”以植物画家泽纳（Joseph Zehner）的姓氏命名。种加词“*guamensis*”指其模式产地为美属关岛。

水芫花

Pemphis acidula

千屈菜科 Lythraceae

水芫花属 *Pemphis*

小灌木或小乔木。叶对生，厚，肉质，椭圆形、倒卵状矩圆形或线状披针形。花腋生，花萼有 12 条棱；花瓣 6 枚，白色或粉红色。蒴果革质，几全部被宿存萼管包围，倒卵形。种子四周因有海绵质的扩展物而成厚翅。水芫花分布于中国钓鱼岛、南小岛及台湾南部；非洲东部经印度洋到马尔绍群岛北达日本均有分布。

水芫花是一种非常耐盐碱的植物，在常有海浪拍打、其他植物难以生长的礁石上，仍然生长旺盛。因为海边光照及蒸发作用强烈，所以水芫花略有些肉质。属名“*Pemphis*”意为“水泡”，指本属植物种子周围具有海绵质的翅。种加词“*acidula*”意为“微酸的”，指味道尝起来有点酸。

赤楠

Syzygium buxifolium

桃金娘科 Myrtaceae

蒲桃属 *Syzygium*

灌木或小乔木；嫩枝有棱。叶片革质，阔椭圆形至椭圆形，先端圆或钝，基部阔楔形或钝。聚伞花序顶生，有花数朵。花瓣 4 枚，分离；花柱与雄蕊等长。果实黑色，球形。赤楠分布于中国钓鱼岛及安徽、福建、广东、广西、贵州、海南、湖北、湖南、江西、四川、台湾、浙江；日本南部、越南也有分布。

赤楠为常绿灌木或小乔木，叶如黄杨一样，种加词“*buxifolium*”即为此意。赤楠花瓣很小，但白色花丝非常显著，替代了花瓣的作用。秋季结黑色果实。因姿态优美、叶常绿，常用于绿化。属名“*Syzygium*”意为“合生的”，指本属的叶对生、无柄。

野牡丹

Melastoma malabathricum

野牡丹科 Melastomataceae

野牡丹属 *Melastoma*

常绿灌木；茎钝四棱形或近圆柱形。叶片坚纸质，卵形或广卵形，顶端急尖，基部浅心形或近圆形，有 3—5 条基出脉，两面被糙伏毛及短柔毛。伞房花序生于分枝顶端，有花 3—5 朵；花瓣淡紫色或粉红色，倒卵形。蒴果坛状球形。野牡丹分布于中国钓鱼岛及福建、广东、广西、贵州、海南、湖南、江西、四川、台湾、西藏东南部、云南、浙江；柬埔寨、印度、日本、老挝、马来西亚、缅甸、尼泊尔、菲律宾、泰国、越南以及太平洋群岛也有分布。

野牡丹为常绿灌木，叶具有显著的基出脉。花淡紫色，雄蕊弯钩状。野牡丹属植物花较大，花期较长，因此常用于园林绿化。本属很多种类的果实可以食用，属名“*Melastoma*”为“黑色的”+“口”，指食用其果实时嘴会被染黑。种加词“*malabathricum*”指模式产地为印度南部的马拉巴。

野鸦椿

Euscaphis japonica

省沽油科 Staphyleaceae

野鸦椿属 *Euscaphis*

落叶小乔木或灌木，小枝及芽红紫色。叶对生，奇数羽状复叶，小叶 5—9 枚，厚纸质，长卵形或椭圆形，稀为圆形，先端渐尖，基部钝圆，边缘具疏短锯齿，齿尖有腺体。圆锥花序顶生，花多，黄白色，萼片与花瓣均 5 枚，椭圆形。蓇葖果，果皮软革质，紫红色；假种皮肉质，黑色，有光泽。野鸦椿主要分布于中国钓鱼岛，全国除西北部外广布；日本、韩国、越南也有分布。

野鸦椿的果实成熟后为红色至紫红色，裂开后露出带黑色假种皮的种子。因为其果实独特的颜色和公鸡头部很像，所以又叫鸡眼睛、鸡嗉子花、鸡肫果等。但野鸦椿的气味并不好，枝叶揉碎后发出恶臭气味。属名“*Euscaphis*”意为“好的”+“小舟”，指本属果实的形状。

三叶山香圆 *Turpinia ternata*

省沽油科 Staphyleaceae

山香圆属 *Turpinia*

常绿乔木，小枝无毛。叶对生，三出或较靠枝端的为单叶，叶柄圆柱形，基部增大；小叶狭长圆形或长圆状披针形，先端渐尖或具尖头，边缘具圆锯齿，叶背苍白。圆锥花序顶生或近顶生，花瓣 5（4）枚，长圆形，黄白色或白色。果皮肉质，橙黄色，长圆状球形或卵圆形，种皮深黑色带深褐色，具光泽。三叶山香圆分布于中国钓鱼岛及台湾；日本南部也有分布。

三叶山香圆为常绿乔木，三出复叶。圆锥花序，小花白色。属名“*Turpinia*”源自法国植物学家图尔平（Pierre Jean Francois Turpin）的姓氏。种加词“*ternata*”意为“三出的”，指本种常为 3 小叶。

三叶蜜茱萸

Melicope triphylla

芸香科 Rutaceae

蜜茱萸属 *Melicope*

灌木。小枝及叶柄浑圆，指状三出叶，小叶片倒卵状披针形，顶部尾状尖，基部楔尖，侧脉每边约 8 条。聚伞圆锥花序腋生，花序轴无毛；雄蕊 8 枚，长短相间；子房无毛，柱头头状。三叶蜜茱萸分布于中国钓鱼岛及台湾；印度尼西亚、日本、新几内亚、菲律宾以及太平洋群岛西南部也有分布。

三叶蜜茱萸为常绿灌木，三出复叶，小叶革质，揉搓有特殊香味。腋生圆锥花序，小花白色。属名“*Melicope*”为“蜜”+“分离”，指本属植物 4 个蜜腺分离。种加词“*triphylla*”意为“三叶的”。

椿叶花椒

Zanthoxylum ailanthoides

芸香科 Rutaceae

花椒属 *Zanthoxylum*

落叶乔木；茎干有鼓钉状锐刺，花序轴及小枝顶部常散生短直刺。奇数羽状复叶，小叶整齐对生，狭长披针形或位于叶轴基部的近卵形，顶部渐狭长尖，基部圆，对称或一侧稍偏斜，叶缘有明显裂齿，油点多，肉眼可见，叶背灰绿色或有灰白色粉霜。花序顶生，多花，花瓣 5 片，淡黄白色。分果瓣淡红褐色，油点多，干后凹陷。椿叶花椒分布于中国钓鱼岛及福建、广东、广西、贵州、江西南部、四川东南部、台湾、云南东南部、浙江；日本、韩国、菲律宾也有分布。

椿叶花椒在古代是一种重要的调味品，在辣椒和胡椒还未传入中国时，人们将其用作调味料，因此也叫“食茱萸”。属名“*Zanthoxylum*”意为“黄色”+“木”，指本属植物木材为黄色。种加词“*ailanthoides*”意为“像臭椿的”，指本种叶和树形像臭椿。

黄葵 *Abelmoschus moschatus*

锦葵科 Malvaceae

秋葵属 *Abelmoschus*

一年生或二年生草本，高1—2米，被粗毛。叶通常掌状5—7深裂，裂片披针形至三角形，边缘具不规则锯齿，偶有浅裂，状似槭叶，基部心形，两面均疏被硬毛。花单生于叶腋间，花黄色，内面基部暗紫色。蒴果长圆形，顶端尖，被黄色长硬毛；种子肾形，具腺状脉纹，具香味。黄葵分布于中国钓鱼岛及广东、广西、湖南、江西、台湾、云南；柬埔寨、印度、老挝、泰国、越南也有分布。

黄葵和常吃的秋葵为同属植物，形态也相似。花为黄色，中间近暗紫色。果实和秋葵相似，但长度仅为秋葵的一半。属名“*Abelmoschus*”意为“麝香之父”，指种子具有麝香味。种加词“*moschatus*”意为“有麝香味的”。

黄槿

Hibiscus tiliaceus

锦葵科 Malvaceae

木槿属 *Hibiscus*

常绿灌木或乔木，高 4—10 米；树皮灰白色；小枝无毛或近于无毛。叶革质，近圆形或广卵形，先端突尖，有时短渐尖，基部心形，全缘或具不明显细圆齿，上面绿色，下面密被灰白色星状柔毛，叶脉 7 或 9 条。花序顶生或腋生，小苞片 7—10 枚，线状披针形。花冠钟形，花瓣黄色，内面基部暗紫色，倒卵形，外面密被黄色星状柔毛。黄槿分布于中国钓鱼岛、黄尾屿及福建、广东、海南、台湾；柬埔寨、印度、印度尼西亚、老挝、马来西亚、缅甸、菲律宾、泰国、越南也有；泛热带地区均有分布。

花朵大的树木种类非常少，黄槿就是这样一个优秀的树种。它有着亮黄色的花，单朵直径可达 10 厘米，花开繁茂，为著名的园林绿化植物。属名“*Hibiscus*”为本属一种植物的古希腊名。种加词“*tiliaceus*”意为“像椴树的”，指黄槿的叶子像椴树。

白背黄花稔 *Sida rhombifolia*

锦葵科 Malvaceae

黄花稔属 *Sida*

直立亚灌木，高约 1 米，分枝多，枝被星状绵毛。叶菱形或长圆状披针形，先端浑圆至短尖，基部宽楔形，边缘具锯齿，上面疏被星状柔毛至近无毛，下面被灰白色星状柔毛。花单生于叶腋，花萼杯形；花黄色，花瓣倒卵形，先端圆，基部狭。果半球形。白背黄花稔分布于中国黄尾屿及福建、广东、广西、贵州、海南、湖北、四川、台湾、云南；不丹、柬埔寨、印度、老挝、尼泊尔、泰国、越南以及泛热带地区均有分布。

白背黄花稔为低矮亚灌木，花苞非常有特点，未开时像包子一样，花萼边缘互相贴合，像包子褶。因为白背黄花稔在阳光良好时才会开花，所以又叫金午时花。属名“*Sida*”原指一种睡莲，指黄花稔属植物开花似睡莲一般。种加词“*rhombifolia*”意为“菱形叶的”，指白背黄花稔叶子常近菱形。

日本毛瑞香 *Daphne kiusiana*

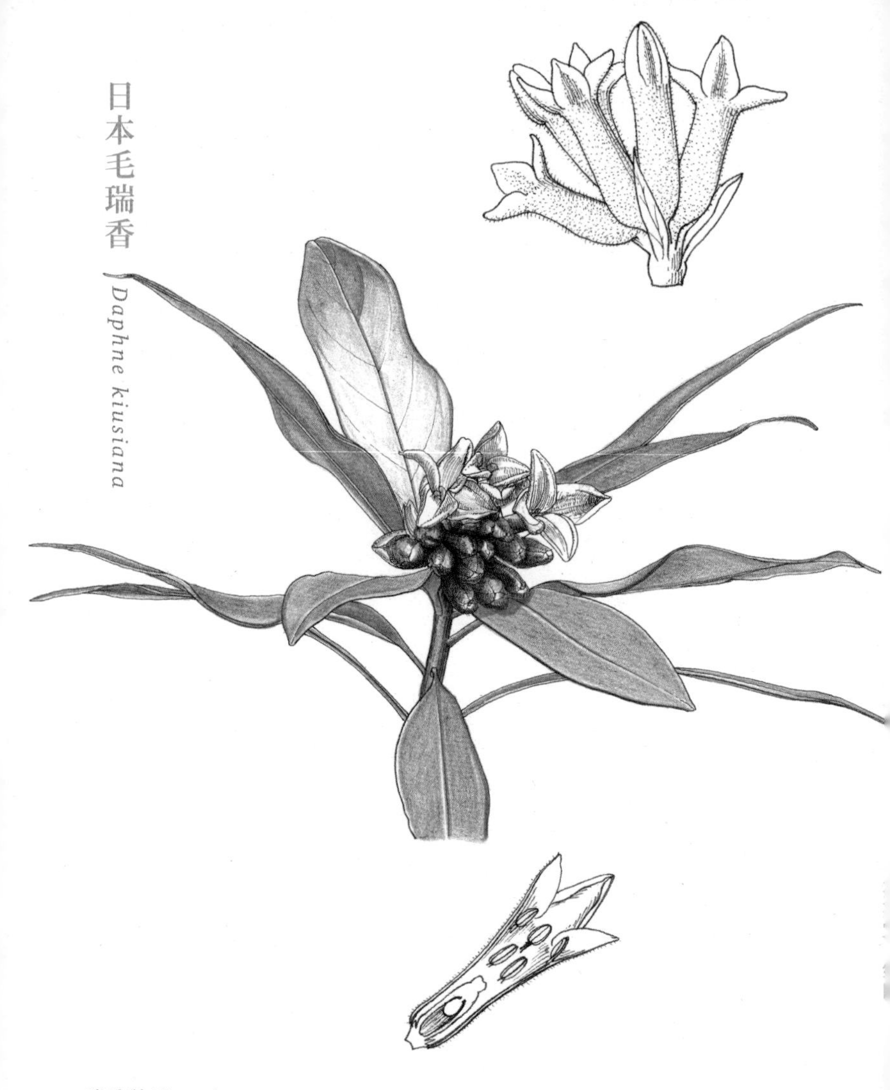

瑞香科 Thymelaeaceae

瑞香属 *Daphne*

常绿直立灌木；枝深紫色或紫红色。叶互生，有时簇生于枝顶，叶片革质，椭圆形或披针形，两端渐尖，边缘全缘，微反卷，上面深绿色，具光泽，下面淡绿色。花白色，有时淡黄白色，9—12 朵簇生于枝顶，呈头状花序。果实红色，广椭圆形或卵状椭圆形。日本毛瑞香分布于中国钓鱼岛；日本和韩国也有分布。

日本毛瑞香和瑞香很相似，白色的小花簇生于枝顶，秋季结红色的果实。属名“*Daphne*”源自希腊神话中女神达芙妮的名字，她最后变成了一株月桂树。种加词“*kiusiana*”指模式产地为日本九州。

倒卵叶荛花

Wikstroemia retusa

瑞香科 Thymelaeaceae

荛花属 *Wikstroemia*

灌木。叶对生，坚纸质，倒卵形或长圆倒卵形，先端圆至圆钝，有时微凹，基部楔形。花黄绿色，4—6 朵，呈顶生穗状花序。果红色，球形。倒卵叶荛花分布于中国钓鱼岛及台湾南部；菲律宾和日本也有分布。

倒卵叶荛花常生于山石缝隙之间，叶子如铜钱一般，倒卵形；秋季每个小枝枝顶结一簇红色的果实，非常显眼。属名“*Wikstroemia*”源自 19 世纪瑞典植物学家维克斯通（Johan Emanuel Wikström）的姓氏。种加词“*retusa*”意为“微凹的”，指本种的叶子先端有时微凹。

钝叶鱼木

Crateva trifoliata

山柑科 Capparaceae

鱼木属 *Crateva*

乔木或灌木；枝灰褐色，有纵皱肋纹。小叶近革质，椭圆形或倒卵形，顶端圆急尖或钝急尖，侧生小叶基部两侧略不对称。数花在近顶部腋生或多至 12 朵花排成明显的花序；花瓣白色转黄色；雄蕊 15—26 枚，紫红色，不等长。果球形，表面光滑，成熟时或未熟干后均呈红紫褐色。钝叶鱼木分布于中国钓鱼岛及广东、广西、海南、台湾南部、云南；柬埔寨、印度、老挝、缅甸、泰国、越南也有分布。

山柑科植物的花有一个共同的特点：雄蕊多数，花丝较长，例如常见栽培的醉蝶花。钝叶鱼木同样有着炫目的花丝，因此常作为观花树木。它的花集生于枝顶，花瓣白色或带紫色至黄色，花丝淡紫红色。古代常用其木头雕刻成的小鱼作为鱼饵捕鱼，因此得名“鱼木”。属名“*Crateva*”源自 1 世纪古希腊草药学家克拉泰夫阿斯（Crateuas，也写作 Kratevas）之名，此人以制毒闻名，而鱼木属植物的树皮和果实均有毒。种加词“*trifoliata*”意为“三小叶的”。

蛇菰

Balanophora fungosa

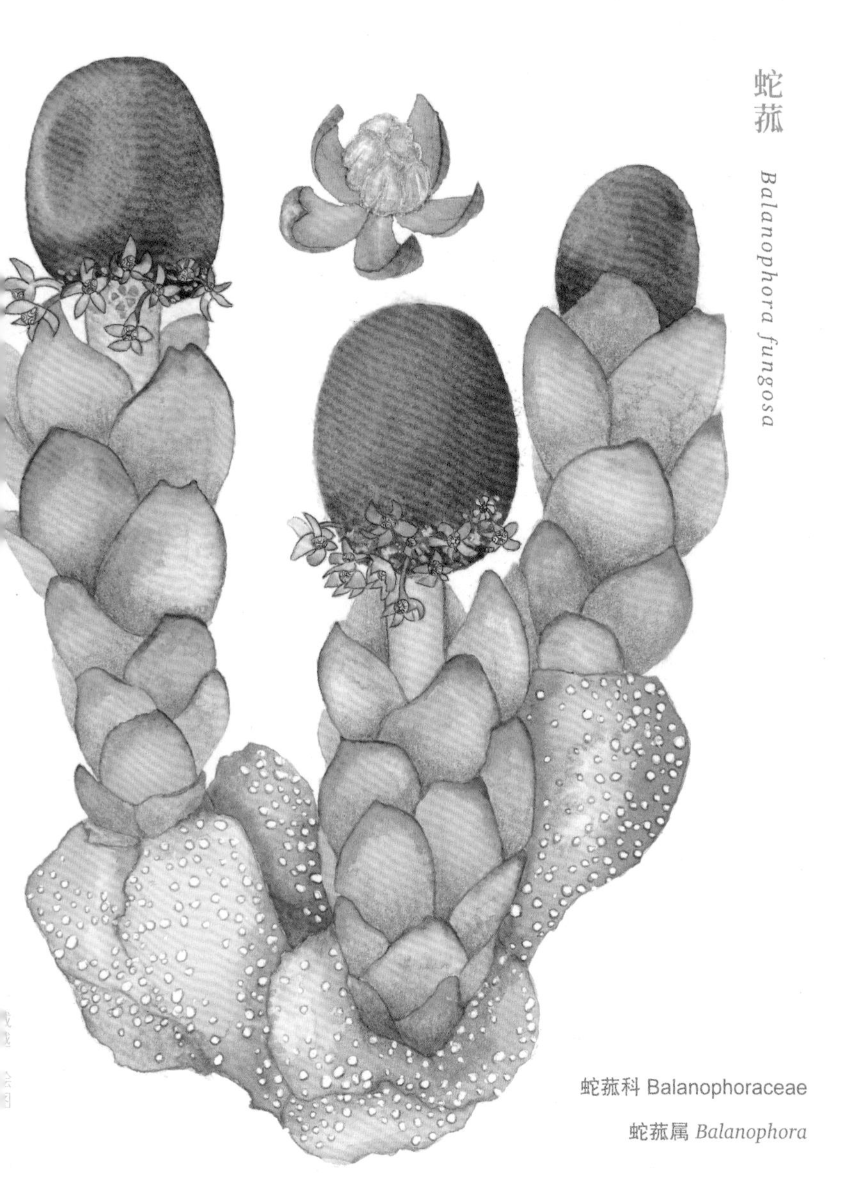

蛇菰科 Balanophoraceae

蛇菰属 *Balanophora*

草本，根茎块茎状，自基部分枝，分枝呈颇整齐的球形，表面有红褐色或铁锈色颗粒状小疣瘤，和明显白色或带黄白色的星芒状皮孔。花茎粗壮，橙红色；鳞苞片呈疏松的覆瓦状排列；雌花序椭圆状卵圆形至圆柱状卵圆形，深红色。蛇菰分布于中国钓鱼岛、黄尾屿及台湾；印度尼西亚、日本、新几内亚、菲律宾以及澳大利亚、太平洋群岛也有分布。

蛇菰是一种寄生植物，叶退化，全株没有叶绿体，呈黄色至橙红色。属名“*Balanophora*”为“橡实”+“具有”，指本属的果实形态。种加词“*fungosa*”意为“蘑菇状的”，指本种形状像蘑菇。

海桐蛇菰

Balanophora tobiracola

蛇菰科 Balanophoraceae

蛇菰属 *Balanophora*

草本，全株黄白色至微红。根茎分枝，近球形或扁球形，表面粗糙，密被小斑点，呈近脑状皱缩。花茎浅黄色；鳞苞片数枚，散生，长圆状披针形、长圆状卵形至阔卵形。花雌雄同株（序）；雄花不规则地散生于雌花丛中；花被裂片 3 枚，开展。海桐蛇菰分布于中国钓鱼岛及广东、广西、湖南、江西、台湾；日本也有分布。

海桐蛇菰为寄生植物，全株无叶绿体。种加词“*tobiracola*”意为“海桐”+“栖息”，指本种常寄生于海桐上。海桐蛇菰全株看起来像一丛蘑菇，“蘑菇帽”部分其实是它的花序。

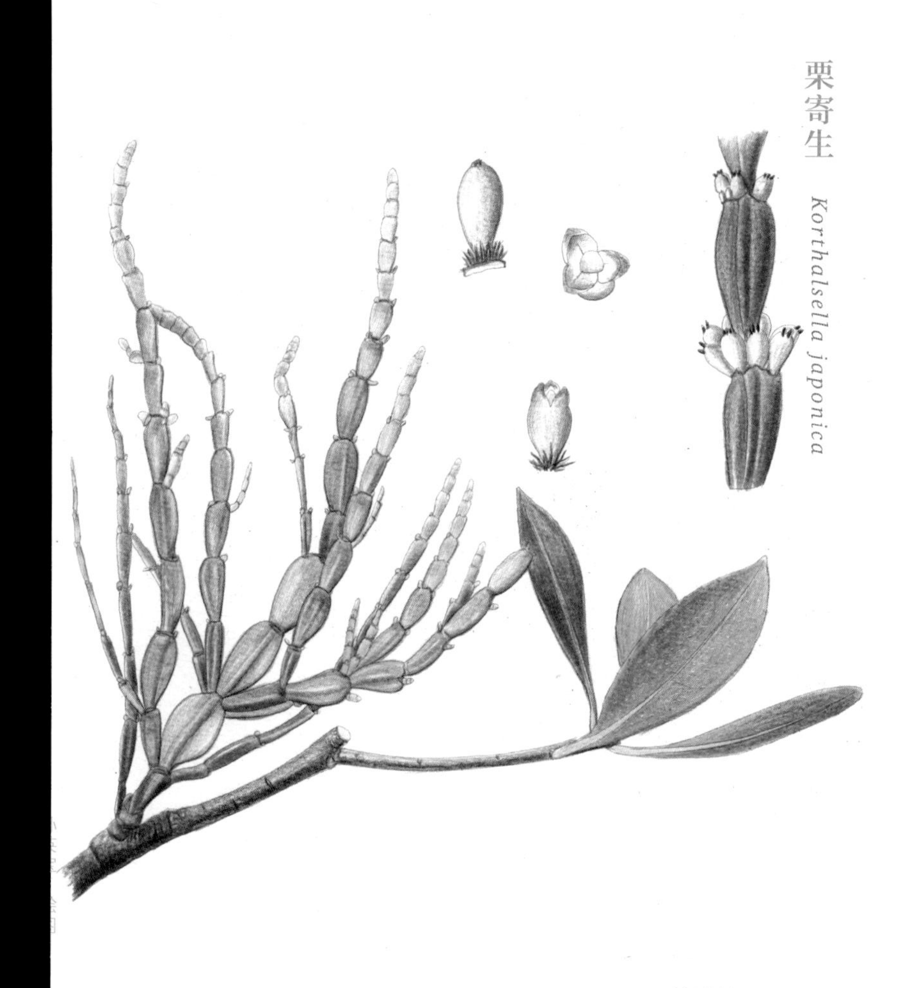

檀香科 Santalaceae

栗寄生属 *Korthalsella*

亚灌木，小枝扁平，通常对生，节间狭倒卵形至倒卵状披针形。叶退化成鳞片状，成对合生，呈环状。花淡绿色。果椭圆状或梨形，淡黄色。栗寄生分布于中国钓鱼岛及福建、甘肃南部、广东、广西、贵州、海南、湖北、湖南、江西、陕西南部、四川、台湾、西藏、云南、浙江；不丹、印度、印度尼西亚、日本、马来西亚、缅甸、巴基斯坦、菲律宾、斯里兰卡、泰国、越南以及非洲东部、澳大利亚、印度洋岛屿也有分布。

栗寄生为寄生植物，寄生于壳斗科及樟科、木樨科、山茶科等多种植物上。叶片退化为鳞片状，仅剩扁平的小枝，但仍可进行光合作用。果实很黏，鸟类喜食，通过鸟类将种子蹭在树干上来传播。属名“*Korthalsella*”源自 19 世纪荷兰植物学家和西印度群岛探险家科塔尔斯（Pieter Willem Korthals）的姓氏。

钓鱼岛补血草

Limonium senkakuense

白花丹科 Plumbaginaceae

补血草属 *Limonium*

多年生草本，具粗壮直根。叶基生，带红色，略肉质，匙形，先端圆形，有短尖，基部逐渐变狭，全缘，两面无毛。圆锥花序由多数穗状花序组成。花萼管状，白色，花冠漏斗状。钓鱼岛补血草特产于中国钓鱼岛。

钓鱼岛补血草为钓鱼岛特产植物，生于礁岩之上。植株略肉质，基生叶宽大，先端圆形。穗状花序组成圆锥状花序，花冠漏斗状。属名“*Limonium*”源自古希腊语，意为“草地”。种加词“*senkakuense*”指本种的模式产地为中国钓鱼岛。

补血草

Limonium sinense

白花丹科 Plumbaginaceae

补血草属 *Limonium*

多年生草本，全株（除萼外）无毛。叶基生，倒卵状长圆形、长圆状披针形至披针形，先端通常钝或急尖，下部渐狭成扁平的柄。花序伞房状或圆锥状；花序轴具 4 个棱角或沟棱；穗状花序，花萼漏斗状，萼檐白色，花冠黄色。补血草分布于中国钓鱼岛及福建、广东、广西、河北、江苏、辽宁、山东、台湾、浙江；日本、越南也有分布。

补血草最广为人知的名字是“勿忘我”，因为很容易制成干花，所以补血草属很多种和品种常被用作鲜切花或干花。补血草作干花时具有观赏性的部位主要是各种颜色的花萼。属名“*Limonium*”源自古希腊语，意为“草地”。种加词“*sinense*”意为“中国的”。

海芙蓉

Limonium wrightii

白花丹科 Plumbaginaceae

补血草属 *Limonium*

矮小半灌木；老枝黑褐色，密被残存的叶柄；全株（除萼外）无毛。叶集于枝（当年枝）的上部，肥厚，倒披针形，先端圆，下部渐狭成柄，基部扩张而半抱茎。花序伞房状，穗状花序通常由 5—11 个小穗组成，花冠淡紫红色。海芙蓉分布于中国钓鱼岛、南小岛、北小岛及台湾；日本也有分布。

生长在海边的两种“芙蓉”因外形相似，常被混淆。一个是本种，因老枝黑褐色，也叫乌芙蓉。另一种“海芙蓉”，是菊科的芙蓉菊，也叫日本海芙蓉。芙蓉菊的叶子边缘分裂，而海芙蓉叶子是全缘的。海芙蓉在中国钓鱼岛分布较多，中国台湾、日本也有分布，但中国大陆无分布。种加词“*wrightii*”源自 19 世纪美国植物学家赖特（Charles Wright）的姓氏。

火炭母

Polygonum chinense

蓼科 Polygonaceae

蓼属 *Polygonum*

多年生草本，基部近木质。根状茎粗壮。茎直立，通常无毛，具纵棱，多分枝，斜上。叶卵形或长卵形，顶端短渐尖，基部截形或宽心形，边缘全缘，两面无毛，有时下面沿叶脉疏生短柔毛，下部叶具叶柄，通常基部具叶耳，上部叶近无柄或抱茎；托叶鞘膜质，无毛，具脉纹，顶端偏斜，无缘毛。花序头状，通常数个排成圆锥状；花被 5 深裂，白色或淡红色，果时增大，呈肉质，蓝黑色。火炭母分布于中国钓鱼岛、黄尾屿及安徽、福建、甘肃南部、广东、广西、贵州、海南、湖南、湖北、江苏、江西、陕西南部、四川、台湾、西藏、云南、浙江；不丹、印度、印度尼西亚、日本、马来西亚、缅甸、尼泊尔、菲律宾、泰国、越南也有分布。

火炭母为蓼科植物，叶柄基部具有叶耳，有膜质托叶鞘。最典型的特征是果实成熟时包裹着一层由花被形成的肉质果皮，外面半透明，里面蓝紫色。花白色，远看如饭粒一般，所以又称为白饭草、白饭藤。属名“*Polygonum*”意为“有棱角的”，指蓼属植物的种子多数有棱。

羊蹄

Rumex japonicus

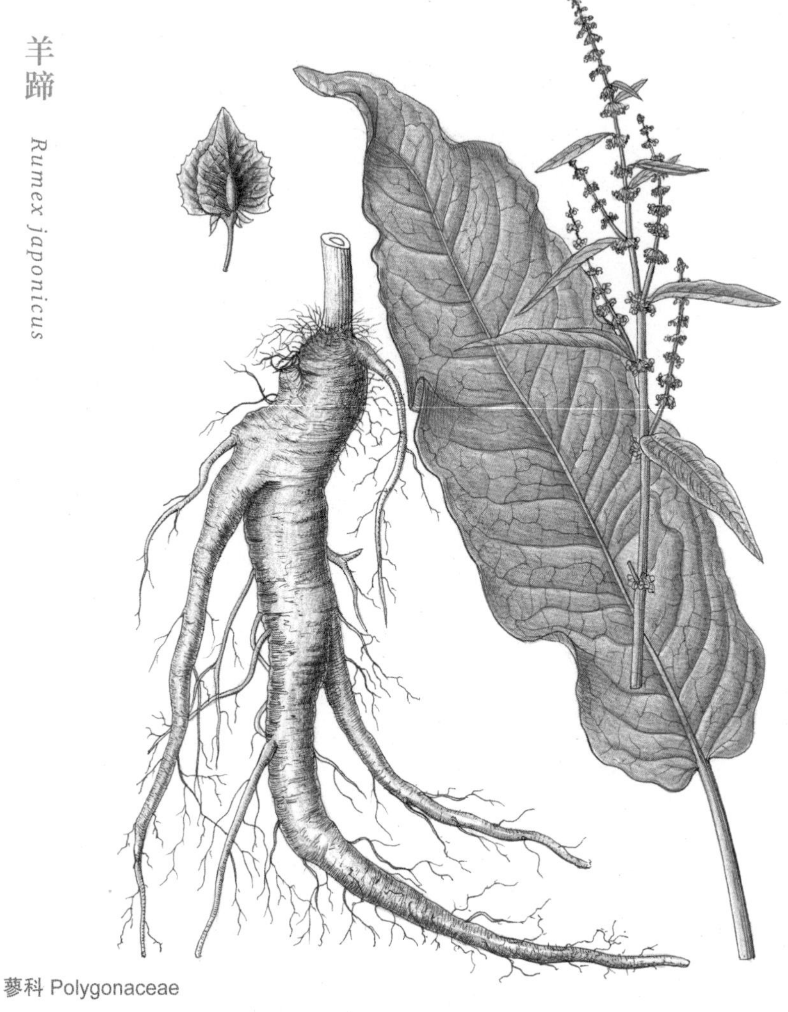

蓼科 Polygonaceae

酸模属 *Rumex*

多年生草本。茎直立，上部分枝，具沟槽。基生叶长圆形或披针状长圆形，顶端急尖，基部圆形或心形，边缘微波状；茎上部叶狭长圆形；托叶鞘膜质，易破裂。花序圆锥状；花被片 6 枚，淡绿色，内花被片果时增大，宽心形，边缘具不整齐的小齿，全部具小瘤。羊蹄分布于中国钓鱼岛、南小岛、北小岛、黄尾屿及安徽、福建、广东、广西、贵州、海南、河北、黑龙江、河南、湖北、湖南、江苏、江西、吉林、辽宁、内蒙古、陕西、山东、山西、四川、台湾、浙江；日本、韩国、俄罗斯也有分布。

“羊蹄”这个名字听起来不像植物。其实，这个名字来源于它的根：肉质粗大的根和羊蹄非常相似，因此得名。羊蹄又名牛舌头，则是因为它的叶形像牛舌。属名“*Rumex*”来自本属的古拉丁名。

尖头叶藜

Chenopodium acuminatum

苋科 Amaranthaceae

藜属 *Chenopodium*

一年生草本植物。茎直立并具有多条棱及绿色的色条；枝较细瘦而斜升。叶片宽卵形至卵形，茎上部的叶片有时呈卵状披针形，先端急尖或者短渐尖并有一个短尖头，基部宽楔形、圆形或近截形，全缘并有半透明的环边。花两性，团伞花序在枝的上部排列成紧密或有间断的穗状圆锥花序。胞果顶的基部扁圆形或卵形。尖头叶藜分布于中国钓鱼岛及福建、甘肃、广东、广西、河北、河南、江苏、黑龙江、吉林、辽宁、内蒙古、宁夏、青海、陕西、山东、山西、台湾、新疆、浙江；日本、韩国、蒙古国、俄罗斯、越南东北部以及亚洲中部也有分布。

尖头叶藜为一年生草本植物。茎具棱。叶卵形，上部卵状披针形，基部宽楔形至截形。属名“*Chenopodium*”意为“鹅”+“足”，指本属叶形。种加词“*acuminatum*”意为“渐尖的”，指本种的叶先端渐尖。

安旱苋

Philoxerus wrightii

苋科 Amaranthaceae

安旱苋属 *Philoxerus*

多年生匍匐草本，稍肉质。叶对生而全缘。两性花紧密排列成顶生及腋生的球形或圆柱形头状花序；小花的苞片纸质，小苞片具有龙骨状突起；花被片背部侧扁，基部具短爪且加厚；钻形的雄蕊基部连合成了杯状。卵形的胞果侧扁而不裂。种子透镜状。安旱苋分布于中国钓鱼岛及台湾；日本也有分布。

安旱苋为肉质矮小草本植物，生于滨海岩石之上。茎匍匐，生长紧密，叶对生，倒卵状椭圆形。近头状花序，花粉红色，仅微张开。属名“*Philoxerus*”为“喜欢”+“干旱”，指本属植物喜旱，也是中文名“安旱”的由来。

黄细心

Boerhavia diffusa

紫茉莉科 Nyctaginaceae

黄细心属 *Boerhavia*

多年生蔓性草本。根肥粗，肉质。茎无毛或被疏短柔毛。叶片卵形，顶端钝或急尖，基部圆形或楔形，边缘微波状，两面被疏柔毛，下面灰黄色。头状聚伞圆锥花序顶生；花序梗纤细。花被淡红色或亮紫色，花被筒上部钟形，薄而微透明，雄蕊 1—3 枚。果实棍棒状，具 5 棱，有黏腺和疏柔毛。黄细心分布于中国钓鱼岛、南小岛、黄尾屿及福建、广东、广西、贵州、海南、四川、台湾南部、云南；柬埔寨、印度、印度尼西亚、日本、老挝、马来西亚、缅甸、尼泊尔、菲律宾、泰国、越南以及非洲、美洲、澳大利亚、太平洋群岛也有分布。

这种植物的花非常细小，开花时间很短，天气不好时也不开放，不仔细看就会错过，因此称得上难得一见。黄细心被认为有药用价值，甚至被称为“还少丹”。属名“*Boerhavia*”是为了纪念 18 世纪德国植物学家布尔哈夫（Hermann Boerhaave）。种加词“*diffusa*”意为“铺散的”，因其为蔓性铺散草本。

胶果木

Pisonia umbellifera

紫茉莉科 Nyctaginaceae

胶果木属 *Pisonia*

乔木，高 4—20 米。叶对生或假轮生，叶片纸质，椭圆形、长圆形或卵状披针形，顶端渐尖或稍钝，基部宽楔形，两面无毛。花杂性，白色，成圆锥聚伞花序，花被筒钟形，雄蕊 7—10 枚。果实近圆柱状，略弯曲，具 5 钝棱，平滑，有黏胶质。胶果木分布于中国钓鱼岛、黄尾屿及海南、台湾南部；印度、印度尼西亚、马来西亚、菲律宾、泰国、越南以及澳大利亚、马达加斯加、太平洋群岛也有分布。

紫茉莉科多数为草本植物，但胶果木却是高大乔木。它的叶子看起来没什么特别，花却比较秀雅，白色的小花组成圆锥状聚伞花序，非常漂亮。胶果木主要用于园林绿化，最常见的是它的花叶品种‘Variegata’。属名“*Pisonia*”是为了纪念 17 世纪荷兰植物学家皮索（Willem Piso），种加词“*umbellifera*”意为“具伞形花序”。

马齿苋

Portulaca oleracea

马齿苋科 Portulacaceae

马齿苋属 *Portulaca*

一年生草本植物。茎平卧，匍匐在地面上分散式生长，枝淡绿色或者带暗红色。互生的叶片扁平，肥厚，形状就像马的牙齿，正面暗绿色，背面淡绿色或者带有暗红色；叶柄粗短。花没有花梗，在中午的时候盛开；苞片像叶的形状；盔形的萼片绿色；花瓣黄色，倒卵形；雄蕊花药黄色。蒴果卵球形；种子细小，偏斜球形，黑褐色，有光泽。马齿苋分布于中国钓鱼岛和全国各地；世界温带和热带地区广泛分布。

马齿苋为世界广布的杂草，空旷荒地上极为常见，可作野菜食用，味道微酸，种加词“*oleracea*”即为“可食用的”。马齿苋为一年生草本植物，茎叶略肉质，茎带暗红色。叶长倒卵形，似马齿形状。花黄色。属名“*Portulaca*”为马齿苋的拉丁俗名。

滨柃

Eurya emarginata

五列木科 Pentaphylacaceae

柃木属 *Eurya*

灌木；嫩枝圆柱形，粗壮，红棕色，密被黄褐色短柔毛，小枝灰褐色或红褐色。叶厚革质，倒卵形或倒卵状披针形，顶端圆而有微凹，基部楔形，边缘有细微锯齿，齿端具黑色小点，稍反卷，上面绿色或深绿色，稍有光泽，下面黄绿色或淡绿色，两面均无毛。花 1—2 朵生于叶腋。花瓣 5 枚，白色。果实圆球形，熟时黑色。滨柃分布于中国钓鱼岛及福建东部、台湾、浙江东部；日本、韩国也有分布。

滨柃常生长于沿海石缝之中，枝叶紧密，抗风浪和干旱瘠薄，白色的小花生于枝叶下方，十分素雅，是近年来常用的园林绿化植物。属名“*Eurya*”意为“宽阔的”，指花瓣宽大，围成杯状小花。种加词“*emarginata*”意为“微缺的”，指滨柃的叶片先端微凹。

紫金牛

Ardisia japonica

报春花科 Primulaceae

紫金牛属 *Ardisia*

常绿小灌木或亚灌木，近蔓生，具匍匐生根的根茎。叶对生或近轮生，叶片坚纸质或近革质，椭圆形至椭圆状倒卵形，顶端急尖，基部楔形，边缘具细锯齿。亚伞形花序，腋生或生于近茎顶端的叶腋，有花 3—5 朵；花梗常下弯。花瓣粉红色或白色，广卵形。果球形，鲜红色。紫金牛分布于中国钓鱼岛及安徽、福建、广西、贵州、湖北、湖南、江苏、江西、陕西、四川、台湾、云南、浙江；日本、韩国也有分布。

紫金牛为低矮小灌木，耐阴，常在林下成片生长。它的果实红色，藏在叶丛之中，不仔细看很容易忽略这些可爱的小果实。因为常绿又耐阴，所以是很好的林下地被植物。属名“*Ardisia*”意为“尖”，指雄蕊及花柱形成尖锐的形态。

九节龙

Ardisia pusilla

报春花科 Primulaceae

紫金牛属 *Ardisia*

常绿小灌木，蔓生，具匍匐茎。叶对生或近轮生，叶片坚纸质，椭圆形或倒卵形，顶端急尖或钝，基部广楔形或近圆形，边缘具明显或不甚明显的锯齿和细齿，叶面被糙伏毛，毛基部常隆起。伞形花序，侧生。花瓣白色或带微红色，广卵形，顶端急尖，雄蕊与花瓣近等长。果球形，红色，具腺点。九节龙分布于中国钓鱼岛及福建、广东、广西、贵州、湖南、江西、四川、台湾；日本、韩国、马来西亚、菲律宾也有分布。

九节龙与紫金牛非常相似，很容易被误认为同一种。它们都是低矮匍匐的常绿小灌木，叶形也比较相似。但九节龙具有地上的匍匐茎，叶近轮生，叶面被毛，因而与紫金牛不同。种加词“*pusilla*”意为“微小的”，指九节龙为本属中矮小的种类。

罗伞树

Ardisia quinquegona

项乙雯 绘图

报春花科 Primulaceae

紫金牛属 *Ardisia*

常绿灌木或灌木状小乔木。叶片坚纸质，长圆状披针形、椭圆状披针形至倒披针形，顶端渐尖，基部楔形，全缘，两面无毛，背面多少被鳞片。聚伞花序或亚伞形花序，腋生。花瓣白色，广椭圆状卵形，顶端急尖或钝。果扁球形，具 5 道钝棱。罗伞树分布于中国钓鱼岛及福建、广东、广西、海南、四川、台湾、云南；印度、印度尼西亚、日本、马来西亚、越南也有分布。

罗伞树为常绿灌木，花簇生于侧枝叶腋，每个花序都像一把小伞。果实为浆果，扁球形，随着成熟，从深红色变成紫黑色，可在枝头宿存很久。种加词“*quinquegona*”意为“五角的”，指罗伞树的果实有 5 道钝棱。

多枝紫金牛

Ardisia sieboldii

吴秀珍 绘图

报春花科 Primulaceae

紫金牛属 *Ardisia*

常绿灌木，分枝较多；小枝粗壮，幼时被疏鳞片及细皱纹。叶片纸质或革质，倒卵形或椭圆状卵形，有时披针形，顶端急尖或钝，全缘，两面无毛。复亚伞形花序或复聚伞花序，腋生，通常集生于小枝近顶端叶腋。花瓣白色，广卵形，多少具腺点。果球形，红色至黑色，略肉质。多枝紫金牛分布于中国钓鱼岛及福建、台湾、浙江；日本南部也有分布。

多枝紫金牛为多分枝的灌木，分枝密集，花更加密集，花序聚集在侧枝顶端形成聚伞状花序。果实暗红色至黑色。种加词"*sieboldii*"源自 19 世纪德国植物学家西博尔德（Philipp von Siebold）的姓氏。

滨海珍珠菜

Lysimachia mauritiana

报春花科 Primulaceae

珍珠菜属 *Lysimachia*

二年生草本，全株无毛。茎簇生，直立，上部分枝。叶互生，匙形或倒卵形至倒卵状长圆形，先端钝圆，基部渐狭。总状花序顶生，直立。花冠白色，裂片舌状长圆形，先端钝。蒴果梨形。滨海珍珠菜分布于中国钓鱼岛、南小岛、北小岛、黄尾屿及福建、广东、江苏、辽宁、山东、台湾、浙江；日本、韩国、菲律宾以及印度洋岛屿、太平洋群岛也有分布。

滨海珍珠菜生长于沿海礁石之上，为适应暴晒、少土的环境，有些肉质化，不开花时就像石莲花一样。而一旦开花，礁石上星星点点布满一丛丛白色的小花。珍珠菜属以公元前 4 世纪马其顿王国的利西马科斯（Lysimachus）的名字命名，据说他使用本属植物让牛镇静。种加词“*mauritiana*”指本种模式产地为毛里求斯。

杜茎山

Maesa japonica

报春花科 Primulaceae

杜茎山属 *Maesa*

常绿直立灌木。叶片革质，有时较薄，椭圆形至披针状椭圆形，顶端渐尖、急尖或钝，基部楔形、钝或圆形，几全缘或中部以上具疏锯齿，两面无毛。总状花序或圆锥花序，单生或 2—3 个生于叶腋。花冠白色，长钟形，具明显的脉状腺条纹。果球形，肉质，具脉状腺条纹，宿存萼包果顶端，常冠宿存花柱。杜茎山分布于中国钓鱼岛及安徽、福建、广东、广西、贵州、湖北、湖南、江西、四川、台湾、云南、浙江；日本、越南北部也有分布。

杜茎山不像同一科的其他植物那样有着亮丽诱人的果实。杜茎山的花、果都聚集在叶腋，如桂花一般，所以俗称山桂花。属名“*Maesa*”来自阿拉伯语。

钓鱼岛杜鹃花

Rhododendron eriocarpum var. *tawadae*

杜鹃花科 Ericaceae

杜鹃花属 *Rhododendron*

常绿灌木，枝褐色，幼时有毛。叶薄革质，表面生长毛，倒卵形，先端钝圆，基部楔形，边缘全缘。花数朵生于枝顶，花冠广钟形，淡紫色，上方 3 枚花瓣中下部有紫色条形斑点。雄蕊 10 枚，不等长。钓鱼岛杜鹃花特产于中国钓鱼岛。

钓鱼岛杜鹃花是钓鱼岛唯一一种杜鹃花，更是钓鱼岛特有物种。它是绵毛果杜鹃的变种，因为适应海岛气候，叶片上有明显的长毛。花淡紫色，有深紫色斑点。属名“*Rhododendron*”为“玫瑰花”+“树”，指杜鹃花属植物的花色。种下加词“*tawadae*”指该变种的模式标本采集者多和田（Tawada Shijun）。

南烛

Vaccinium bracteatum

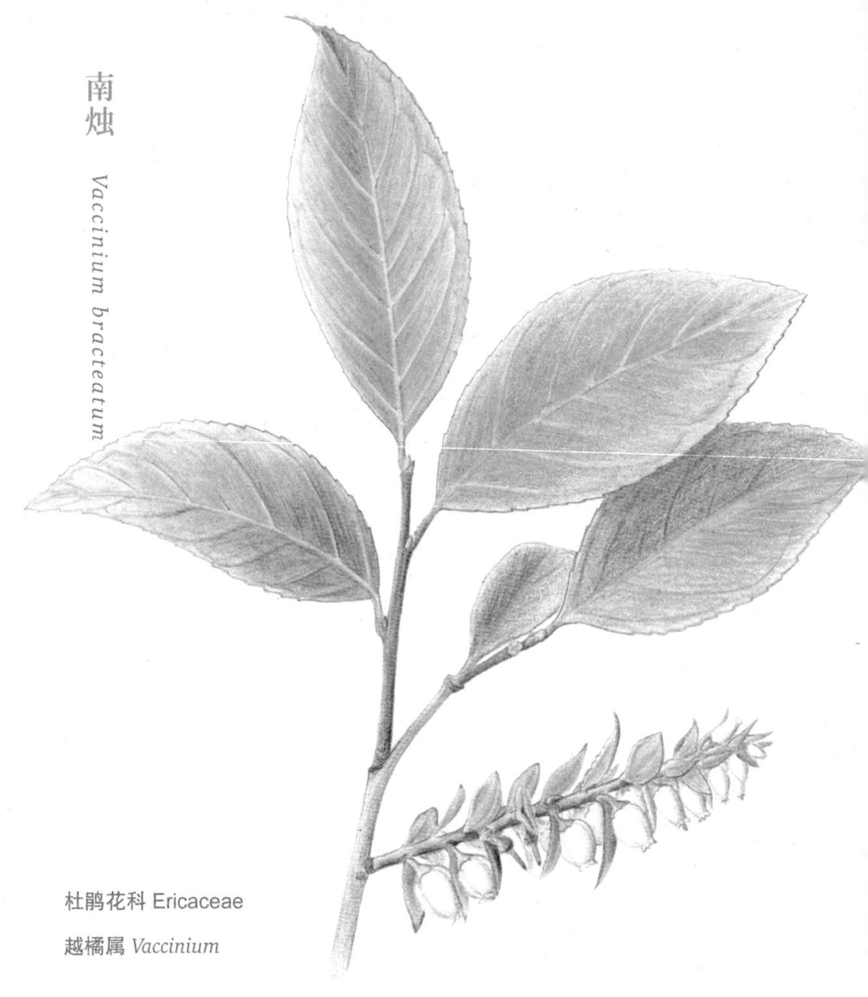

杜鹃花科 Ericaceae

越橘属 *Vaccinium*

常绿灌木或小乔木，分枝多，幼枝被短柔毛或无毛，老枝紫褐色，无毛。叶片薄革质，椭圆形、菱状椭圆形、披针状椭圆形至披针形，顶端锐尖、渐尖，基部楔形、宽楔形，边缘有细锯齿，两面无毛，侧脉斜伸至边缘以内网结。总状花序顶生和腋生，有多数花；苞片叶状，披针形。花冠白色，筒状，有时略呈坛状，外面密被短柔毛，口部裂片短小，三角形，外折。浆果熟时紫黑色，外面通常被短柔毛。南烛分布于中国钓鱼岛及安徽、福建、广东、广西、贵州、海南、湖南、江苏、江西、四川、台湾、云南、浙江；柬埔寨、印度尼西亚、日本南部、韩国、老挝、马来西亚、泰国、越南也有分布。

南烛在民间更常用的名字叫乌饭树，因人们常采摘其嫩叶来渍汁浸米煮成“乌饭”而得名。乌饭紫黑油亮，清香诱人，常常在一些节日中食用。南烛的花、果也非常漂亮，总状花序，小花白色，果实紫黑色，是美丽的观赏植物。属名“*Vaccinium*”来自越橘（蓝莓）的拉丁俗名。种加词“*bracteatum*”为“具苞片的”，指南烛具叶状苞片。

海岛越橘

Vaccinium wrightii

杜鹃花科 Ericaceae

越橘属 *Vaccinium*

常绿小乔木。叶片厚革质，卵形、长圆形或菱状长圆形，锐尖或渐尖，基部宽楔形至近圆形，具锯齿，两面无毛且近于同色。总状花序顶生及腋生。苞片叶状，通常宿存；花冠钟状圆柱形至坛形，无毛，浅5裂。果球状，红黑色。海岛越橘分布于中国钓鱼岛及台湾；日本也有分布。

海岛越橘是一种优美的常绿植物，5—15朵小花组成总状花序，小花钟形或坛形，果实红黑色，观赏性较强。

肾叶打碗花

Calystegia soldanella

旋花科 Convolvulaceae

打碗花属 *Calystegia*

多年生草质藤本，茎细长，平卧，有细棱。叶肾形，质厚，顶端圆或凹，具小短尖头，全缘或浅波状。花单朵腋生，花梗长于叶柄，有细棱。花冠淡红色，钟状，冠檐微裂。蒴果卵球形。种子黑色。肾叶打碗花分布于中国钓鱼岛、南小岛及福建、河北、江苏、辽宁、山东、台湾、浙江；世界各地广泛分布。

肾叶打碗花为草质藤本植物，生于沿海沙地上。叶肾形，稍肉质。花粉色，花冠上有 5 条白色条带。属名“*Calystegia*”意为“萼片”+“盖”，指本属植物苞片包藏花萼。种加词“*soldanella*”意为一种铜币，指本种的叶子。

变色牵牛

Ipomoea indica

旋花科 Convolvulaceae

番薯属 *Ipomoea*

多年生草本，植株各部均被柔毛。叶卵形或圆形，全缘或 3 裂，顶端渐尖或骤尖，基部心形，背面密被柔软贴伏的灰白色短毛。花数朵聚生成伞形聚伞花序；花冠初开蓝紫色，后变紫红色或红色，漏斗状。变色牵牛归化于中国钓鱼岛、黄尾屿及广东、海南、台湾；原产于南美洲。

变色牵牛为多年生常绿草质藤本植物，全株被毛。叶 3 裂，叶脉在叶面上显著。花蓝紫色，渐变为紫红色，因而得名。本种在一些地方会成为入侵植物。属名“*Ipomoea*”意为“常春藤”+“相似”，指本属植物像常春藤。

厚藤

Ipomoea pes-caprae

旋花科 Convolvulaceae

番薯属 *Ipomoea*

藤本，全株无毛，茎平卧。叶肉质，卵形、椭圆形、圆形、肾形或长圆形，顶端微缺或 2 裂，裂片圆；在背面近基部中脉两侧各有 1 枚腺体。多歧聚伞花序，腋生，有时仅 1 朵发育；花冠紫色或深红色，漏斗状。蒴果球形，果皮革质，4 瓣裂。种子三棱状圆形，密被褐色茸毛。厚藤分布于中国钓鱼岛、南小岛、北小岛、黄尾屿及福建、海南、台湾、浙江；柬埔寨、印度尼西亚、日本、琉球群岛、马来西亚、缅甸、新几内亚、巴基斯坦、菲律宾、斯里兰卡、泰国、越南以及非洲、亚洲西南部、澳大利亚、北美洲、太平洋群岛、南美洲也有分布。

厚藤为多年生常绿草质藤本植物，耐盐碱，常生于沙地上，能够覆盖大片沙地。它的叶肉质，近肾形，中间凹缺，形似马鞍，因此又名马鞍藤。种加词“*pes-caprae*”意为“山羊的脚”，指本种叶片像山羊脚一样。

红丝线

Lycianthes biflora

茄科 Solanaceae

红丝线属 *Lycianthes*

灌木或亚灌木，全株密被淡黄色的毛。上部叶常假双生，大小不相等；大叶片椭圆状卵形，偏斜，先端渐尖，基部楔形渐窄至叶柄而成窄翅；小叶片宽卵形，先端短渐尖，基部骤窄，下延至柄。常 2—3 朵生于叶腋内；萼杯状，萼齿 10，钻状线形；花冠淡紫色或白色，星形。浆果球形，成熟果绯红色。红丝线分布于中国钓鱼岛、黄尾屿，全国广布；印度、印度尼西亚、日本、马来西亚、新几内亚、菲律宾、泰国也有分布。

红丝线为小灌木，叶近双生，二叶不等大。果实如同圆形的小辣椒一般，颜色艳红。萼裂片针状，果期宿存，在果实上方极为显著。属名“*Lycianthes*”为“枸杞属植物”+“花”，指花颜色与枸杞属植物相似。种加词“*biflora*”意为“双花的”，指本种的花通常两朵并生。

龙葵

Solanum nigrum

茄科 Solanaceae

茄属 *Solanum*

一年生多分枝草本。绿色或紫色的茎没有棱或棱不明显，叶卵形，先端短尖，基部楔形至阔楔形而下延至叶柄；蝎尾状的花序生长在叶腋的外面，花梗近无毛或具短柔毛；小花萼浅杯状，齿卵圆形，先端圆；花冠白色，筒部隐于萼内，冠檐有 5 深裂，裂片卵圆形；花丝短，黄色的花药约为花丝长度的 4 倍，浆果球形，幼果绿色，成熟之后变成黑色。种子多数，近卵形，两侧压扁。龙葵分布于中国钓鱼岛及福建、广西、贵州、湖南、江苏、四川、台湾、西藏、云南；印度、日本以及亚洲西南部、欧洲也有分布。

龙葵为极常见的荒地植物。多分枝的草本植物，邻近的叶常不等大。叶卵形，边缘有不规则大锯齿。浆果黑色，种加词“*nigrum*”即为“黑色的”。民间常有人采食，但果实含有微量毒素，不可多食。叶子也可食用，云南、台湾等地都有食用龙葵的传统。属名“*Solanum*”为茄子的拉丁俗名。

龙珠

Tubocapsicum anomalum

茄科 Solanaceae

龙珠属 *Tubocapsicum*

全株无毛。茎下部二歧分枝开展，枝稍“之”字状折曲。叶薄纸质，卵形、椭圆形或卵状披针形，顶端渐尖，基部歪斜楔形。花 2—6 朵簇生，俯垂，花梗细弱，顶端增大；花冠裂片卵状三角形，向外反曲。浆果熟后红色。种子淡黄色。龙珠分布于中国钓鱼岛及福建、广东、广西、贵州、湖南、江西、四川、台湾、云南、浙江；印度尼西亚、日本、琉球群岛、韩国、菲律宾、泰国也有分布。

龙珠为草本植物，植株与辣椒相似。花冠广钟形，果实红色，果梗细弱，如小铃铛般生于叶腋。属名“*Tubocapsicum*”意为“管子”+“辣椒属”，指本属花冠基部管状。种加词“*anomalum*”意为“异常的”，因为本种最初置于辣椒属，但显然和其他辣椒属植物不同。

虎刺

Damnacanthus indicus

茜草科 Rubiaceae

虎刺属 *Damnacanthus*

具刺灌木，具肉质链珠状根，节上托叶腋常生一针状刺。叶片常大小叶相间排列，卵形、心形或圆形，顶端锐尖，边全缘，基部常歪斜，钝、圆、截平或心形；上面光亮，无毛。花两性，常 1—2 朵生于叶腋。花冠白色，管状漏斗形。核果红色，近球形。虎刺分布于中国钓鱼岛、南小岛、黄尾屿及安徽、福建、广东、广西、贵州、湖北、湖南、江苏、江西、四川、台湾、西藏、云南、浙江；印度北部至东北部、日本、韩国也有分布。

虎刺为常绿灌木，节上生细刺。叶常一对大一对小相间排列，卵形至长卵形。花白色，果实红色，宿存时间长。属名“*Damnacanthus*”意为“征服”+“刺”，指本属植物具硬刺。

双花耳草

Hedyotis biflora

小英宝 方会

茜草科 Rubiaceae

耳草属 *Hedyotis*

一年生无毛柔弱草本，直立或蔓生，通常多分枝；茎方柱形，稍肉质，后变圆柱形，灰色。叶对生，肉质，干后膜质，长圆形或椭圆状卵形，顶端短尖或渐尖，基部楔形或下延；侧脉不明显。花序近顶生或生于上部叶腋，有花 3—8 朵；花 4 数，花冠管形，冠管极短。蒴果膜质，陀螺形，有 2 或 4 条凸起的纵棱。双花耳草分布于中国钓鱼岛及福建、广东、广西、海南、江苏、台湾、云南；印度、印度尼西亚、马来西亚、尼泊尔、越南以及亚洲东南部到太平洋群岛也有分布。

双花耳草为肉质低矮草本植物，常生于沿海礁石缝间。叶中脉下陷，花近顶生，排成圆锥状，种加词“*biflora*”意为“双花的”，指每枝上常同时开放 2 朵花。属名“*Hedyotis*”意为“甜的”+“耳”。

肉叶耳草

Hedyotis strigulosa

茜草科 Rubiaceae

耳草属 *Hedyotis*

一年生无毛肉质草本，多分枝，近丛生状；枝纤细，具棱。叶肉质，对生，无柄，长圆状倒卵形或长圆形，顶端短尖，基部渐狭而下延。聚伞花序或有时排成短圆锥花序，有花 3—8 朵，顶生或腋生；花 4 数，白色，具纤细的花梗。蒴果扁陀螺形，成熟时仅顶部开裂。肉叶耳草分布于中国钓鱼岛、南小岛、北小岛、黄尾屿及广东、台湾、浙江；日本、韩国、密克罗尼西亚也有分布。

肉叶耳草为丛生草本植物，生于沿海礁石缝中。叶肉质，多长圆形，中脉下陷。聚伞花序，花白色。种加词“*strigulosa*”意为“被糙伏毛的”，但本种全株无毛，仅花冠内部有疏柔毛。

斜基粗叶木 *Lasianthus attenuatus*

茜草科 Rubiaceae

粗叶木属 *Lasianthus*

灌木，全株密被长硬毛或长柔毛。叶片纸质或近革质，通常椭圆状卵形或长圆状卵形，顶端骤然渐尖，基部心形，全缘。花数朵簇生于叶腋，花冠白色，近漏斗形，外面疏被长柔毛，里面密被长柔毛。核果近球形，成熟时亮蓝色，被硬毛。斜基粗叶木分布于中国钓鱼岛及福建、广东、广西、海南、台湾、云南；不丹、柬埔寨、印度东北部、印度尼西亚、日本南部、老挝、马来西亚、缅甸、尼泊尔、巴布亚新几内亚、菲律宾、泰国、越南也有分布。

斜基粗叶木为灌木，植株密被黄白色硬毛。叶长圆状卵形，种加词“*attenuatus*”意为“变细的”，指本种叶先端骤然渐尖。花较小，白色，花冠被毛，属名“*Lasianthus*”意为“绵毛花的”。果实外也有毛，熟后亮蓝紫色。

琉球九节木 *Psychotria manillensis*

茜草科 Rubiaceae

九节属 *Psychotria*

灌木；枝和小枝稍粗壮，无毛。叶对生，薄革质，长圆形或椭圆形，稀倒卵状椭圆形，顶端锐短尖或渐尖，基部楔形，边全缘，两面无毛。聚伞花序顶生或腋生，中部以上三歧分枝。果近无柄，密生，椭圆形或卵状椭圆形，具纵棱。琉球九节木分布于中国钓鱼岛、黄尾屿及台湾；日本、菲律宾也有分布。

琉球九节木为常绿灌木，全株光滑无毛。叶对生，长圆形，侧脉显著。聚伞花序，花较小。属名“*Psychotria*”意为“使有生机”，指本属植物具有药用价值。种加词“*manillensis*”指本种模式产地为菲律宾马尼拉。

茜草科 Rubiaceae

九节属 *Psychotria*

多分枝攀缘或匍匐藤本；嫩枝稍扁，攀附枝有一列短而密的气根。叶对生，纸质或革质，幼年植株的叶多呈卵形或倒卵形，老年植株的叶多呈椭圆形、披针形、倒披针形或倒卵状长圆形，顶端短尖、钝或锐渐尖，基部楔形或稍圆，边全缘而有时稍反卷。聚伞花序常为圆锥状或伞房状。花冠白色，花冠裂片长圆形，喉部被白色长柔毛。浆果状核果白色。蔓九节分布于中国钓鱼岛及福建、广东、广西、海南、台湾、浙江；柬埔寨、日本、韩国北部、老挝、泰国、越南也有分布。

蔓九节为常绿藤本植物，常攀附于树干或石头上。叶对生，幼年时叶形和成年时相差极大。聚伞花序顶生，小花不显眼。果实白色。种加词“*serpens*”意为匍匐的。

薄叶玉心花

Tarenna gracilipes

茜草科 Rubiaceae

乌口树属 *Tarenna*

灌木；枝纤细，嫩枝有柔毛。叶纸质，倒卵形至倒披针形或狭椭圆形，顶端渐尖，基部楔形。伞房状的聚伞花序顶生，三歧分枝。花冠高脚碟状，白色，裂片 5 枚，匙状长圆形。浆果椭圆形，无毛，成熟时黑色，果柄纤细。薄叶玉心花分布于中国钓鱼岛及台湾；日本也有分布。

薄叶玉心花为常绿灌木，小花观赏性较强，花白色，花冠筒细长，种加词“*gracilipes*”即为“细长柄的”。花瓣狭长，匙状长圆形。属名“*Tarenna*”为本属植物的俗名。

日本百金花

龙胆科 Gentianaceae

百金花属 *Centaurium*

一年生草本，全株光滑无毛。茎直立，几四棱形，多分枝。基部叶具短柄，匙形，先端圆形，基部渐狭；茎生叶多对，无柄，矩圆形、椭圆形或卵状椭圆形，半抱茎。穗状聚伞花序，花多数，基数 5，粉红色至深粉色，高脚杯状。日本百金花分布于中国钓鱼岛及台湾；日本也有分布。

日本百金花为矮小草本植物，叶对生，半抱茎。穗状聚伞花序，花粉红色至深粉色。百金花属以古希腊神话中的马人喀戎（Centaur Chiron）的名字命名，传说他发现了百金花的药用价值。

台湾杯冠藤 *Cynanchum formosanum*

夹竹桃科 Apocynaceae

鹅绒藤属 *Cynanchum*

藤状灌木。叶对生，纸质，长圆形，两端圆形或顶端锐尖。聚伞花序总状，花冠 5 深裂，裂片长圆形；副花冠杯状，顶端具 10 齿，内 5 齿较长。台湾杯冠藤分布于中国钓鱼岛及台湾北部。

台湾杯冠藤为藤本植物，聚伞花序总状，花冠黄绿色，花瓣上三条脉较明显，常紫红色。属名“*Cynanchum*”为“犬”+“绞杀”，指本属植物具有毒性。

台湾眼树莲

Dischidia formosana

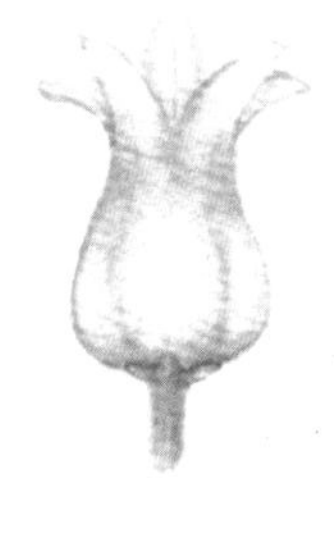

夹竹桃科 Apocynaceae

眼树莲属 *Dischidia*

肉质附生藤本，具乳汁，无毛，节上生根。叶圆形，顶端微凹；叶脉不明显。聚伞花序腋生；花序梗极短，着花 2—4 朵；花萼裂片卵圆形；花冠坛状，裂片长圆状三角形，顶端渐尖，中部加厚，外面无毛，内面中部及中部以下的边缘被长柔毛；副花冠比合蕊柱高，裂片锚状，顶端截平；花药顶端长圆状三角形；花粉块长圆状，直立，花粉块柄顶端膨大；子房无毛，柱头基部五角形，顶端具尖头，2 裂。蓇葖果线状圆筒形；种子顶端具白色绢质种毛。台湾眼树莲分布于中国钓鱼岛及台湾；日本也有分布。

台湾眼树莲为肉质附生藤本植物，常攀附于树干或树枝上生长。叶圆形，和球兰属植物形态非常像，花却极小，直径仅约 2 毫米。属名“*Dischidia*”意为“二裂的”，指花冠二裂。

球兰

Hoya carnosa

夹竹桃科 Apocynaceae

球兰属 *Hoya*

攀缘灌木，附生于树上或石上；茎节上生气根。叶对生，肉质，卵圆形至卵圆状长圆形，顶端钝，基部圆形。聚伞花序近球形，腋生，着花约 30 朵；花色多样；花冠辐状，副花冠星状，外角急尖。蓇葖果线形，光滑。球兰分布于中国钓鱼岛及福建、广东、广西、海南、台湾、云南；印度、日本、马来西亚、越南也有分布。

球兰是球兰属中栽培比较广泛的一种，因伞形花序近球形而得名。球兰通常为附生植物，尤爱附生在树木枝干上。它的花冠中央有一轮副花冠，形态、颜色等和花冠常有显著不同。属名“*Hoya*”是为了纪念 18 世纪英国园艺学家霍伊（Thomas Hoy）。种加词“*carnosa*”意为“肉质的”。

蓝叶藤 *Marsdenia tinctoria*

夹竹桃科 Apocynaceae

牛奶菜属 *Marsdenia*

攀缘灌木，长达 5 米。叶长圆形或卵状长圆形，先端渐尖，基部近心形，鲜时带蓝色，干后亦呈蓝色，老时无毛。聚伞圆锥花序近腋生；花黄白色，干时呈蓝黑色，花冠圆筒状钟形，花冠喉部里面有刷毛；副花冠由 5 枚长圆形的裂片组成。蓇葖果具茸毛，圆筒状披针形。蓝叶藤分布于中国钓鱼岛及广东、广西、贵州、海南、湖北、湖南、四川、台湾、西藏、云南；不丹、印度、印度尼西亚、日本、老挝、马来西亚、缅甸、尼泊尔、菲律宾、斯里兰卡、泰国、越南也有分布。

蓝叶藤为攀缘灌木，叶绿色带蓝色，可以用作染料将布料染成蓝色，种加词“*tinctoria*”意即“当染料用的”。属名“*Marsdenia*”源自 18 世纪植物采集家马斯登（William Marsden）的姓氏。

黑鳗藤

Jasminanthes mucronata

夹竹桃科 Apocynaceae

黑鳗藤属 *Jasminanthes*

藤状灌木，茎被 2 列柔毛。叶纸质，卵圆状长圆形，基部心形。聚伞花序假伞状，腋生或腋外生，通常着花 2—4 朵。花冠白色，含紫色液汁，花冠筒圆筒形，花冠裂片镰刀形，内面基部具 5 行 2 列毛，开展；副花冠 5 片，着生于雄蕊背面。黑鳗藤分布于中国钓鱼岛及福建、广东、广西、贵州、湖南、四川、台湾、浙江。

黑鳗藤为藤状灌木，花较大，洁白美丽，可作观赏植物。同属植物多花黑鳗藤又叫马达加斯加茉莉，因花更多、花瓣圆润而成为广泛栽培的观赏植物。属名“*Jasminanthes*”为“像素馨花的”，指本属植物花像素馨。种加词“*mucronata*”意为“具短尖头的”，指花瓣先端锐尖。

亚洲络石

Trachelospermum asiaticum

夹竹桃科 Apocynaceae

络石属 *Trachelospermum*

木质藤本，幼时无毛或被短柔毛。叶片椭圆形，狭卵形，膜质或纸质，先端钝到锐尖，基部宽楔形。聚伞花序顶生和腋生。萼片贴伏于花冠筒；花冠白色，裂片倒卵形；花药顶端外露。子房无毛。蓇葖果线形。种子长圆形。亚洲络石分布于中国钓鱼岛及福建、甘肃、广东、广西、贵州、海南、湖北、湖南、江西、四川、台湾、西藏、云南；印度、日本、韩国、泰国也有分布。

亚洲络石为木质藤本植物，常攀缘于石头或树木之上。亚洲络石与络石形态非常相似，前者花萼紧贴花冠筒，后者花萼开展或反折。属名“*Trachelospermum*”意为“颈”+“种子”，种加词“*asiaticum*”指本种分布于亚洲。

岛屿木樨

Osmanthus insularis

木樨科 Oleaceae

木樨属 *Osmanthus*

常绿灌木或乔木，小枝浅灰色。叶对生，椭圆形至长圆形，先端渐尖，基部楔形，全缘，幼时有锯齿。花序腋生，花冠钟状，白色至淡黄色，4 裂。核果蓝黑色。岛屿木樨分布于中国钓鱼岛；日本、韩国也有分布。

岛屿木樨为常绿灌木或乔木，常生于岛屿林中。叶对生，革质，有亮光，椭圆形。花白色，有时淡黄色，4 裂，似桂花。属名“*Osmanthus*”意为“香花”。种加词“*insularis*”意为“岛屿的”，指本种常生于岛屿上。

爵床

Justicia procumbens

爵床科 Acanthaceae

爵床属 *Justicia*

草本，茎基部匍匐，通常有短硬毛。叶椭圆形至椭圆状长圆形，先端锐尖或钝，基部宽楔形或近圆形，两面常被短硬毛。穗状花序顶生或生上部叶腋。花冠粉红色，2 唇形，下唇 3 浅裂。蒴果具 4 粒种子，种子表面有瘤状皱纹。爵床分布于中国钓鱼岛、南小岛、黄尾屿及安徽、重庆、福建、广东、广西、贵州、海南、河北、河南、湖北、湖南、江苏、江西、陕西、四川、台湾、西藏、云南、浙江；孟加拉国、不丹、柬埔寨、印度、印度尼西亚、日本、老挝、马来西亚、缅甸、尼泊尔、菲律宾、斯里兰卡、泰国、越南也有分布。

爵床为多年生草本植物，在我国分布广泛。全株被毛，叶对生，椭圆形。茎基部匍匐，种加词“*procumbens*”即为“平卧的”。顶生穗状花序，小花粉红色或淡紫色，但通常仅 2—4 朵同时开放。属名“*Justicia*”以 18 世纪法国植物学家裕苏（Bernard de Jussieu）的姓氏命名。

过江藤

Phyla nodiflora

马鞭草科 Verbenaceae

过江藤属 *Phyla*

多年生草质藤本，有木质宿根，多分枝。叶近无柄，匙形、倒卵形至倒披针形，顶端钝或近圆形，基部狭楔形，中部以上的边缘有锐锯齿；穗状花序腋生，卵形或圆柱形；花冠白色、粉红色至紫红色。过江藤分布于中国钓鱼岛及福建、广东、贵州、海南、湖北、湖南、江苏、江西、四川、台湾、西藏、云南；世界热带地区和亚热带地区均有分布。

过江藤为多年生匍匐草质藤本植物，生于海边、河滩等潮湿地方。花序穗状，生于叶腋，开花后近伞形。小花白色至带紫红色。可作为地被植物栽培，光照较好时开花繁多。属名“*Phyla*”意为“族、群”，可能指其可覆盖大片区域的习性。种加词“*nodiflora*”意为“节上生花”。

朝鲜紫珠

Callicarpa japonica var. *luxurians*

余屹 绘图

唇形科 Lamiaceae

紫珠属 *Callicarpa*

灌木；小枝圆柱形，无毛。叶片倒卵形、卵形或椭圆形，顶端急尖或长尾尖，基部楔形，两面通常无毛，边缘上半部有锯齿。聚伞花序细弱而短小，2—3 次分歧；花冠白色或淡紫色。果实紫色，球形。朝鲜紫珠分布于中国钓鱼岛、黄尾屿及台湾；日本、韩国也有分布。

朝鲜紫珠为灌木，叶长卵形，叶脉显著。聚伞花序腋生，花白色至淡紫色。果实紫色，宿存，具有较高观赏价值，同属很多植物都常用作观赏植物。属名“*Callicarpa*”意为“美丽的果实”，种下加词“*luxurians*”意为“繁茂的”。

苦郎树

Clerodendrum inerme

唇形科 Lamiaceae

大青属 *Clerodendrum*

攀缘状灌木，直立或平卧；根、茎、叶有苦味。叶对生，薄革质，卵形、椭圆形或椭圆状披针形、卵状披针形，顶端钝尖，基部楔形或宽楔形，全缘，常略反卷，表面深绿色，背面淡绿色。聚伞花序通常 3 朵花，着生于叶腋。花冠白色，顶端 5 裂；雄蕊 4 枚，花丝紫红色。苦郎树分布于中国钓鱼岛及福建、广东、广西、台湾；亚洲南部至东南部、澳大利亚、太平洋群岛也有分布。

苦郎树常生长于沿海沙地及礁石缝中，耐盐碱，华南沿海地区常见。常绿攀缘灌木，花白色，很香，花冠细管形，极长，花丝紫红色。属名“*Clerodendrum*”意为“机会（或幸运）之树”，种加词“*inerme*”意思是“无刺的”。

海州常山

Clerodendrum trichotomum

贾晨慧 绘图

唇形科 Lamiaceae

大青属 *Clerodendrum*

灌木或小乔木。叶片纸质，卵形、卵状椭圆形或三角状卵形，顶端渐尖，基部宽楔形至截形，偶有心形，表面深绿色，背面淡绿色，幼时两面被白色短柔毛，老时表面光滑无毛，背面仍被短柔毛或无毛，或沿脉毛较密。伞房状聚伞花序顶生或腋生，通常二歧分枝。花萼蕾时绿白色，有 5 道棱脊；花香，花冠白色或带粉红色。核果近球形，成熟时外果皮蓝紫色。海州常山分布于中国钓鱼岛以及中国大陆除内蒙古、新疆、西藏以外各地；印度、日本、韩国、亚洲东南部也有分布。

海州常山为灌木或小乔木，聚伞花序，花白色。花萼由绿白色渐变为紫红色，果期时宿存，观赏性较强。果实紫黑色。种加词“*trichotomum*”意为“三出的”，指本种的叶脉。

豆腐柴

Premna microphylla

贾展慧 绘图

唇形科 Lamiaceae

豆腐柴属 *Premna*

直立灌木。叶揉之有臭味，卵状披针形、椭圆形、卵形或倒卵形，顶端急尖至长渐尖，基部渐狭窄，下延至叶柄两侧，叶缘全缘至有不规则粗齿，无毛至有短柔毛。聚伞花序组成顶生的塔形圆锥花序。花冠淡黄色，外有柔毛和腺点，花冠喉部毛较密。豆腐柴分布于中国钓鱼岛及安徽、福建、广东、广西、贵州、海南、河南、湖北、湖南、江西、四川、台湾、云南、浙江；日本也有分布。

豆腐柴为灌木，叶光亮，卵形，有臭味，但可以用于制作一种凉粉类食物，即柴豆腐。将新鲜的叶揉搓出汁液，加入碱水，凝固后即可食用。属名“*Premna*”意为“树干”，指其中某些种类树干矮小。种加词“*microphylla*”意为“小叶的”。

红点黄芩

Scutellaria rubropunctata

唇形科 Lamiaceae

黄芩属 *Scutellaria*

多年生草本，根茎匍匐。叶对生，具短柔毛。叶三角状卵形，先端钝，基部截形，边缘有圆形牙齿，两面具腺体。总状花序，花冠筒状，花淡紫色，口部有紫纹。红点黄芩分布于中国钓鱼岛；日本也有分布。

红点黄芩为草本植物，小叶卵形。顶生总状花序，花全部偏斜一边，小花淡紫色。属名“*Scutellaria*”意为“碟形”，指结果时花萼为碟形。种加词“*rubropunctata*”意为“红点”，指叶两面具有腺体。

单叶蔓荆

Vitex rotundifolia

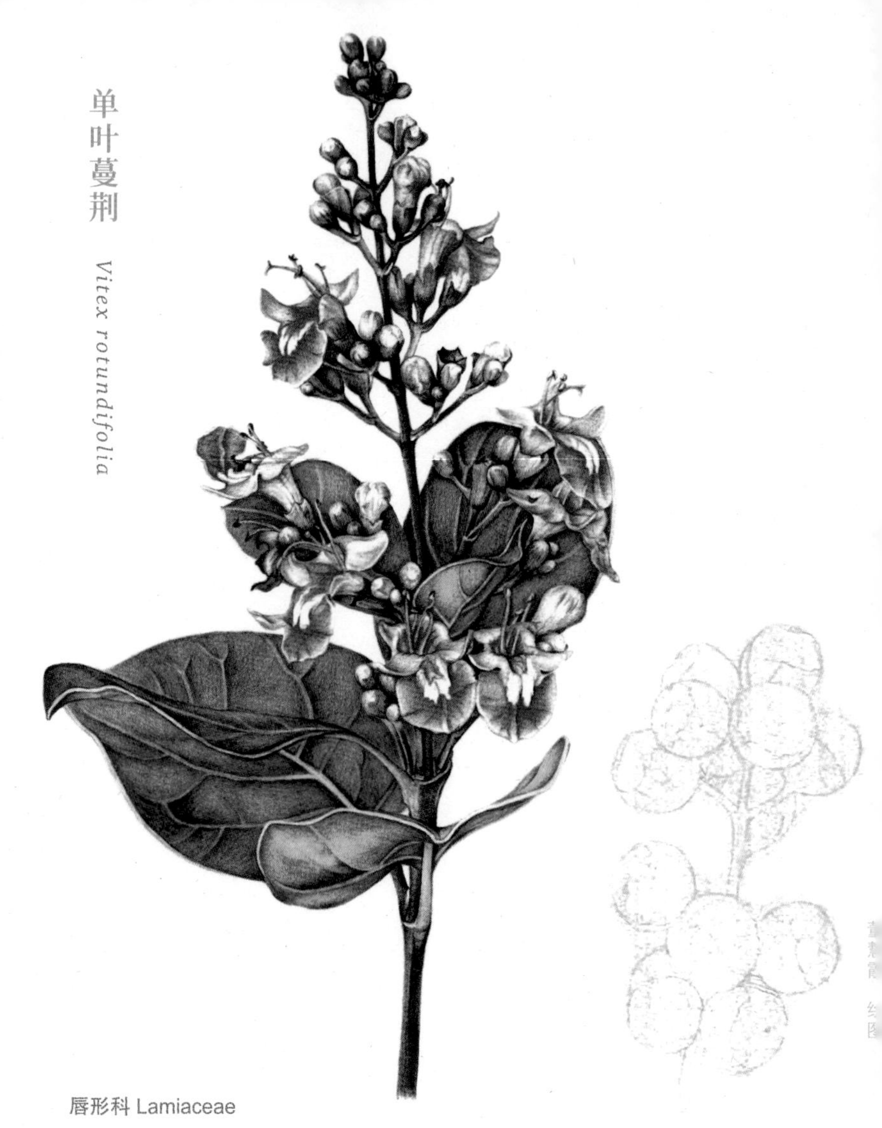

唇形科 Lamiaceae

牡荆属 *Vitex*

落叶灌木，罕为小乔木，有香味。单叶对生，叶片倒卵形或近圆形，顶端通常钝圆或有短尖头，基部楔形，全缘。圆锥花序顶生，花冠淡紫色或蓝紫色，外面及喉部有毛。核果近圆形，成熟时黑色。单叶蔓荆分布于中国钓鱼岛及安徽、福建、广东、河北、江苏、江西、辽宁、山东、台湾、浙江；日本及亚洲东南部、太平洋群岛也有分布。

单叶蔓荆常为匍匐状灌木，生于沿海沙地上。叶灰绿色，顶生圆锥花序，花蓝紫色，观赏性较强。属名“*Vitex*”是本属植物的拉丁俗名。种加词“*rotundifolia*”意为“圆叶的”。

野菰

Aeginetia indica

列当科 Orobanchaceae

野菰属 *Aeginetia*

一年生寄生草本。根稍肉质，具树状细小分枝。茎黄褐色或紫红色。叶肉红色，卵状披针形或披针形。花常单生于茎端，稍俯垂。花冠带黏液，常为紫红色，不明显的二唇形。雄蕊 4 枚，内藏，紫色；花药黄色，有黏液，成对黏合。野菰分布于中国钓鱼岛及安徽、福建、广东、广西、贵州、湖南、江苏、江西、四川、台湾、云南、浙江；孟加拉国、不丹、柬埔寨、印度、印度尼西亚、日本、老挝、马来西亚、缅甸、尼泊尔、菲律宾、斯里兰卡、泰国、越南也有分布。

野菰为寄生草本植物，丛生，常寄生于禾本科芒属等植物上。全株无绿色，黄褐色或紫红色。花单生于茎顶，花冠紫红色。属名“*Aeginetia*”意为“猎枪”，指幼花的形状像猎枪。

银毛树

Heliotropium arboreum

紫草科 Boraginaceae

天芥菜属 *Heliotropium*

小乔木或灌木；小枝粗壮。叶倒披针形或倒卵形，生小枝顶端，先端钝或圆，自中部以下渐狭为叶柄，上下两面密生丝状黄白色毛。镰状聚伞花序顶生，呈伞房状排列；花冠白色，筒状，裂片卵圆形，开展。银毛树分布于中国钓鱼岛、南小岛、北小岛、黄尾屿及海南、台湾；印度尼西亚、日本、菲律宾、斯里兰卡、越南以及太平洋群岛也有分布。

银毛树为常绿小乔木，耐盐碱，生于沿海沙地及礁石缝中。叶灰绿色至银白色，聚生于小枝顶端。花序镰状，花较小。属名“*Heliotropium*”意为“太阳”+“转弯”，指本属一些种类的花序会随着太阳转动。种加词“*arboreum*”意为“乔木状的”。

乌来冬青

Ilex uraiensis

冬青科 Aquifoliaceae

冬青属 *Ilex*

常绿乔木。叶片厚革质，椭圆形或倒卵状椭圆形，先端短而骤然渐尖，基部楔形，边缘具疏锯齿，叶面绿色，具光泽，背面淡绿色，两面无毛。花序簇生于二年生或三年生枝的叶腋内。花黄白色，花基数 4。果序簇生，果球形，成熟时红色。乌来冬青分布于中国钓鱼岛及福建、台湾；日本也有分布。

乌来冬青为常绿乔木，叶厚革质，边缘有疏锯齿。果实红色，宿存不落，具观赏价值。属名“*Ilex*”为本属植物的拉丁俗名。种加词“*uraiensis*”指本种模式产地为中国台湾乌来。

草海桐

Scaevola taccada

草海桐科 Goodeniaceae

草海桐属 *Scaevola*

直立或铺散灌木。叶螺旋状排列，无柄或具短柄，匙形至倒卵形，基部楔形，顶端圆钝，平截或微凹，全缘，或边缘波状。聚伞花序腋生，花梗与花之间有关节。花冠白色或淡黄色，筒部细长，裂片中间厚，披针形。核果卵球状，白色，有两条径向沟槽。草海桐分布于中国钓鱼岛、南小岛、黄尾屿及东沙群岛、福建东南部、广东、广西、海南、南沙群岛、台湾、西沙群岛；印度、印度尼西亚、日本南部、马来西亚、缅甸、巴布亚新几内亚、巴基斯坦、菲律宾、斯里兰卡、泰国、越南以及非洲东部、澳大利亚热带地区、印度洋群岛、马达加斯加、太平洋群岛也有分布。

草海桐为常绿灌木，喜生于沿海沙地及礁石缝之中。叶似海桐而较大，略肉质，倒卵形，聚生于枝顶。聚伞花序生叶腋，花白色，偏斜 5 裂。属名“*Scaevola*”意为“左的”，指花冠偏斜，且一侧深裂达基部。种加词“*taccada*”为本种在斯里兰卡的俗名。

大花艾纳香 *Blumea conspicua*

菊科 Asteraceae

艾纳香属 *Blumea*

多年生草本或亚灌木。茎直立而粗壮；下部有柄的叶片宽椭圆形或长圆状披针形，柄的两侧有狭窄的线形附属物；上部的叶片长圆状披针形或者卵状披针形，柄的两侧有狭线形的附属物；头状花序的数量较多，总苞钟形，花托形状像蜂窝。花比同属植物的花略大而呈黄色，雌花的数量多，花冠细管状，两性花很少，花冠管状。糙毛状的冠毛红褐色。大花艾纳香分布于中国钓鱼岛及台湾；日本也有分布。

大花艾纳香为多年生草本或亚灌木，植株高大，茎粗壮。叶宽椭圆形至长圆状披针形，叶柄两侧有狭窄的线形附属物。花序在枝顶排成大型圆锥花序。属名“*Blumea*”以 19 世纪德国植物学家布卢梅（Karel Lodewijk Blume）的姓氏命名。种加词“*conspicua*”意为“显著的”，指相比同属植物花较为显著。

假还阳参

Crepidiastrum lanceolatum

菊科 Asteraceae

假还阳参属 *Crepidiastrum*

多年生草本。基生叶匙形，顶端钝或圆形，基部收窄，边缘全缘，稍厚，两面无毛。茎叶小，披针形，稀疏排列。头状花序呈稀疏伞房状排列。总苞圆柱状钟形；总苞片两层，外层小，披针形，内层长，披针形，顶端钝，两面无毛。全部小花舌状，花冠管外面被柔毛。瘦果扁，近圆柱状，有 10 条纵肋。冠毛白色，糙毛状。假还阳参分布于中国钓鱼岛、黄尾屿及台湾；日本、韩国南部也有分布。

假还阳参为多年生常绿草本植物，常生于沿海岩壁缝隙之中。叶形变化极大，轮廓为披针形至匙形，全缘或不规则分裂，种加词“*lanceolatum*”即“披针形的”，指本种叶子的形态。头状花序排成伞房状，花黄色。属名“*Crepidiastrum*”意为“拖鞋状的”+“星星”，指本属植物花的形状。

芙蓉菊

Crossostephium chinensis

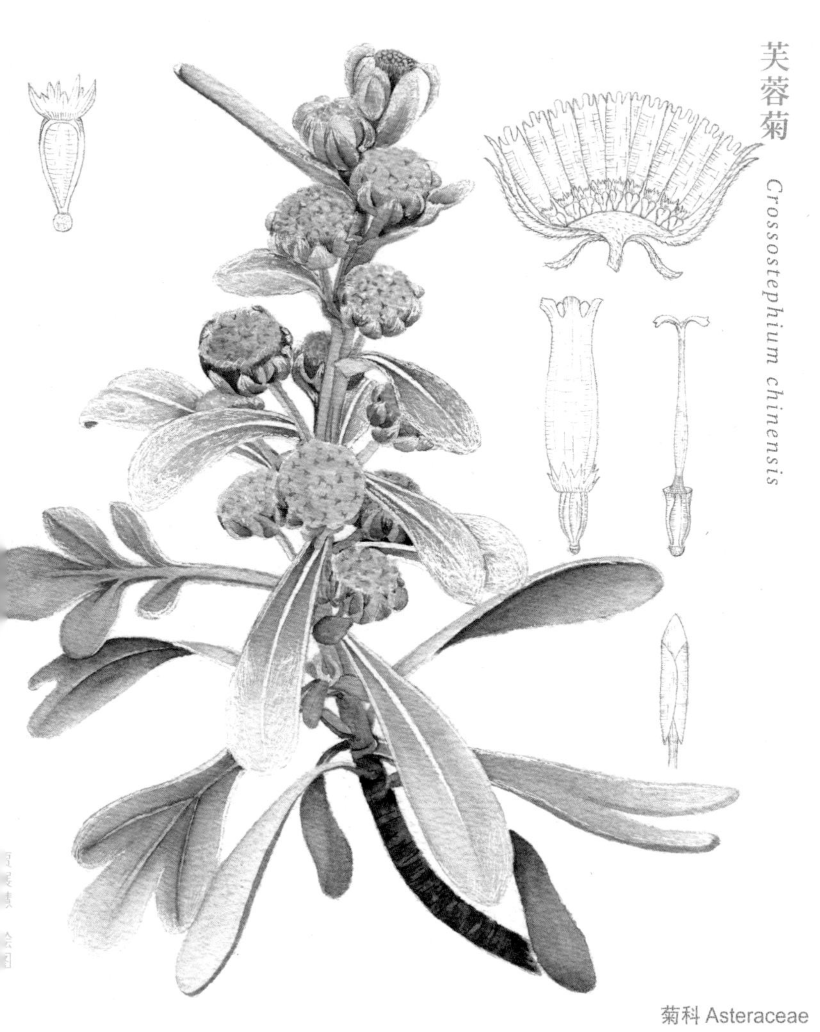

菊科 Asteraceae

芙蓉菊属 *Crossostephium*

常绿灌木，上部多分枝。叶聚生于枝顶，狭匙形或狭倒披针形，全缘或 3—5 裂，顶端钝，基部渐狭，两面密被灰色短柔毛，质地厚。头状花序盘状，生于枝端叶腋，排成有叶的总状花序；总苞半球形；总苞片 3 层，外层与中层等长，叶质，内层较短小，矩圆形。芙蓉菊分布于中国钓鱼岛、南小岛及福建、广东、台湾、云南、浙江；日本也有分布。

芙蓉菊为常绿灌木，生于沿海礁石缝及岩壁缝隙之中。叶子灰白色，观赏价值较高，常作为盆景或盆栽观赏。芙蓉菊即药材“海芙蓉”，甚至有“得海芙蓉一束，胜得金银满车”的说法。属名“*Crossostephium*”意为“缨、缕”+“冠”，指本属植物花冠具流苏状缘饰。

卤地菊

Melanthera prostrata

菊科 Asteraceae

卤地菊属 *Melanthera*

一年生草本。茎匍匐，分枝，基部茎节生不定根，茎枝疏被基部为疣状的短糙毛，糙毛有时呈钩状。叶无柄或具短柄，叶片披针形或长圆状披针形，基部稍狭，顶端钝，边缘有 1—3 对不规则的粗齿或细齿。头状花序少数，单生于茎顶或上部叶腋内。舌状花 1 层，黄色，舌片长圆形，顶端 3 浅裂。卤地菊分布于中国钓鱼岛、南小岛、北小岛及广东、台湾；日本、韩国、泰国、越南也有分布。

卤地菊为一年生匍匐草本植物，常生于沿海沙地上。叶边缘具粗齿，种加词“*dentata*”即“具牙齿的”。头状花序单生于茎顶或叶腋，花黄色。属名“*Melanthera*”意为“黑色”+“花药”，指本属的花药常为黑色。

丝棉草

Pseudognaphalium luteoalbum

菊科 Asteraceae

鼠曲草属 *Pseudognaphalium*

一年生草本，不分枝。下部叶匙形，基部稍狭，下延，顶端钝圆，两面被白色厚绵毛，有时上面较薄；上部叶匙状长圆形至条形，基部略抱茎，顶端钝或短尖。头状花序在枝顶密集成伞房状，花淡黄色；总苞近钟形；总苞片 2—3 层，黄白色、麦秆黄色或亮褐色，有光泽。丝棉草分布于中国钓鱼岛及甘肃、海南、河南、湖北、江苏、陕西、山东、四川、台湾；阿富汗、印度、老挝、巴基斯坦、泰国北部、越南、非洲、亚洲西南部、澳大利亚、欧洲、北美洲也有分布。

丝棉草为一年生草本植物，全株密被白色绵毛，因此植株看上去是灰绿色的。它和用于制作青团的鼠曲草十分相似。基生叶为匙形，上部叶渐狭，近条形。属名“*Pseudognaphalium*”意为“假的” + “湿鼠曲草属”，指本属植物很像湿鼠曲草属植物。种加词“*luteoalbum*”意为“黄色”+“白色”，指本种花黄白色。

苦苣菜

Sonchus oleraceus

菊科 Asteraceae

苦苣菜属 *Sonchus*

一年生或二年生草本。圆锥状的根垂直生长。茎单生而直立。基生叶羽状深裂，全形长椭圆形或倒披针形。有少数的头状花序在茎枝顶端排成紧密的伞房花序或总状花序。全部总苞片顶端长急尖。黄色的舌状小花多数。褐色而压扁的瘦果长椭圆形，每面各有 3 条细脉，肋间有横皱纹。苦苣菜归化于全国各地；全球广泛分布，可能原产于欧洲、地中海地区。

苦苣菜为荒地极为常见的植物，全国南北各地均可见到。植株较高大，茎单生。叶长椭圆形，多数羽状深裂。属名“*Sonchus*”为本种的古希腊语俗名。种加词“*oleraceus*”指本种可以食用。

孪花菊

Wollastonia biflora

顼子霞 绘图

菊科 Asteraceae

孪花菊属 *Wollastonia*

攀缘状草本，茎粗壮。叶片卵形至卵状披针形，基部截形、浑圆或稀有楔尖，顶端渐尖，边缘有规则的锯齿，两面被贴生的短糙毛，主脉 3 条。头状花序少数，生于叶腋和枝顶，有时孪生。舌状花 1 层，黄色，舌片倒卵状长圆形，顶端 2 齿裂。孪花菊分布于中国钓鱼岛、南小岛、北小岛及广东、广西、贵州、海南、湖北、湖南、江西、四川、台湾、西藏、云南；印度、印度尼西亚、日本、马来西亚、菲律宾、越南以及太平洋群岛也有分布。

孪花菊为攀缘状草本植物，有时藤本状，常匍匐于草地之中，沿海沙地也可见到。头状花序生叶腋，有时双生，种加词“*biflora*”即“双花的”。属名“*Wollastonia*”以 20 世纪英国探险家和博物学家沃拉斯顿（Alexander Frederick Richmond Wollaston）的姓氏命名。

黄鹌菜

Youngia japonica

菊科 Asteraceae

黄鹌菜属 *Youngia*

一年生或二年生草本。茎直立生长，基生叶倒披针形或提琴状羽裂。裂片有深波状齿，叶柄稍有翅。头状花序有柄，排成伞房状、圆锥状或聚伞状；总苞圆筒形，外层总苞片远小于内层，花序托平；小花全都是舌状花，花冠黄色。瘦果纺锤状，稍扁。黄鹌菜分布于中国钓鱼岛及安徽、重庆、福建、甘肃、广东、广西、贵州、海南、河北、河南、湖北、湖南、江苏、江西、陕西、山东、四川、台湾、西藏、云南、浙江。

黄鹌菜为极常见的荒地杂草，中国南北都有分布。低矮草本，叶基生，倒披针形，叶缘不规则大头状羽裂。花序排成伞房状或圆锥状。花黄色，全部为舌状花。属名“*Youngia*”以爱德华·杨（Edward Young）和托马斯·杨（Thomas Young）的姓氏命名。

海桐

Pittosporum tobira

贾晨慧 绘图

海桐花科 Pittosporaceae

海桐花属 *Pittosporum*

二年生常绿灌木或小乔木。叶聚生于枝顶，革质，倒卵形或倒卵状披针形，先端圆形或钝，常微凹或微心形，基部窄楔形，全缘，干后反卷。伞形花序或伞房状伞形花序顶生或近顶生。花初开白色，有芳香，后变黄色，花瓣倒披针形。蒴果圆球形，有棱或呈三角形，种子红色，油亮。海桐分布于中国钓鱼岛、黄尾屿及福建、广东、江苏、浙江；日本南部、韩国南部也有分布。

海桐分布于我国南方沿海地区，为原生物种，观赏性较强，叶片常绿、油亮，小花白色至黄色，果实成熟后裂开，露出红色种子。海桐比较耐阴、耐干旱和耐贫瘠，是优良的绿化植物，华东地区较常见。属名“*Pittosporum*”为“树脂”+“种子”，指海桐种子外有油脂。种加词“*tobira*”来自日语中海桐的俗称。

三裂树参

Dendropanax trifidus

五加科 Araliaceae

树参属 *Dendropanax*

乔木或灌木。叶革质，通常二型，在成熟植株上常 2 或 3 浅裂，幼株上常 3—5 深裂。花序顶生；伞形花序单生或多数聚生。果宽椭球形到近球形或稍扁球形，干燥时有棱纹。三裂树参分布于中国钓鱼岛及台湾；日本也有分布。

三裂树参的叶为革质，叶形变化很大，幼时常 3—5 深裂，而成熟植株的叶仅为 3 浅裂。属名“*Dendropanax*”意为“树木”+“人参属”，指本属植物的木本属性。种加词“*trifidus*”意为“三裂的”，指本种叶子 3 裂。

菱叶常春藤

Hedera rhombea

五加科 Araliaceae

常春藤属 *Hedera*

常绿攀缘灌木，嫩枝几无毛。花枝上的叶片披针形至卵状披针形，或近于菱形至卵形，歪斜，先端渐尖，基部楔形至阔楔形，上面亮绿色，下面淡绿色，侧脉两面均明显，网脉上面较明显；叶柄几无毛。伞形花序近于伞房状排列；总花梗细长，有星状毛；花梗具星状毛；萼筒短，倒圆锥形，密生星状毛；花瓣卵形，开花时略反卷，外面有星状毛，内面中部以上有隆起的脊；雄蕊 5 枚；子房 5 室，花盘短圆锥形；花柱合生成柱状，柱头有不明显的 5 裂。果实黑色。菱叶常春藤分布于中国钓鱼岛；日本、朝鲜也有分布。

菱叶常春藤为常绿攀缘灌木，常依附石头或树木生长，但不形成藤状，叶菱状卵形。同属植物洋常春藤、常春藤常见栽培，都为藤本植物，叶轮廓三角形至五角形。属名“*Hedera*”为常春藤的拉丁俗名。种加词“*rhombea*”意为“菱形的”，指本种的叶形。

滨当归

Angelica hirsutiflora

徐克凡 绘图

伞形科 Apiaceae

当归属 *Angelica*

多年生大型草本；根粗，块茎状。基生叶和下部叶大，三角形，三出式羽状分裂，小叶厚，宽卵形，顶端钝，边缘具钝锯齿；叶柄质硬，具宽鞘。伞形花序大，密生短柔毛；总苞片 1—2 或无；伞辐 20—30。花白色，花瓣卵形，顶端狭而弯曲。果实极扁压，长圆形，侧翅宽、木栓质，厚。滨当归分布于中国钓鱼岛及台湾。

滨当归生长于沿海地带，为中国台湾地区和钓鱼岛特有植物。植株高大，有块状根，叶较厚，稍肉质。复伞形花序，小花多数。属名“*Angelica*”意为“天使的”，指本属具药用价值。种加词“*hirsutiflora*”意为“粗硬毛花的”。

多年生草本，匍匐茎比较细长。叶片膜质而呈圆形、肾形或马蹄形；掌状脉在叶的两面隆起，脉的上部分叉；叶柄基部的叶鞘是透明的膜质。伞形花序聚生在叶腋；每一伞形花序有 3—4 朵花聚集成头状；花瓣卵形膜质，紫红色或乳白色。果实两侧扁压，圆球形，基部心形至平截形。积雪草分布于中国钓鱼岛及安徽、福建、广东、广西、湖北、湖南、江苏南部、江西、陕西南部、四川、台湾、云南、浙江；不丹、印度、印度尼西亚、日本、韩国、老挝、马来西亚、缅甸、尼泊尔、巴基斯坦、泰国、越南也有分布。

积雪草为低矮蔓生草本植物，有细长的匍匐茎，在节上生根和小芽。叶常为肾形或缺刻状圆形。花藏于叶腋，果实两侧压扁。属名“*Centella*”意为“刺”，可能和匍匐延伸的特性有关。种加词“*asiatica*”指本种产于亚洲。

滨海前胡

Peucedanum japonicum

伞形科 Apiaceae

前胡属 *Peucedanum*

多年生粗壮草本，常呈蜿蜒状。茎圆柱形，曲折，多分枝，有粗条纹显著突起。叶片粉绿色，宽大质厚，轮廓为阔卵状三角形，一至二回三出式分裂。伞形花序分枝，总苞片2—3，花瓣白色，卵形至倒卵形。果侧棱翅状，较厚。滨海前胡分布于中国钓鱼岛及福建、香港、江苏、山东、台湾、浙江；日本、韩国、菲律宾也有分布。

滨海前胡常生长于沿海石缝及沙地上，茎曲折，叶质厚，灰绿色，大型复伞形花序。属名“*Peucedanum*”为前胡的古希腊语俗名。

仿绘图出处

燕尾蕨，孙英宝仿绘自《中国蕨类植物图谱》第 1 卷，第 50 图

笔筒树，孙英宝仿绘自 *Flora of Taiwan*

团叶鳞始蕨，孙英宝仿绘自 *Trans. Linn. Soc. London*, vol. 3. t. 8

扇叶铁线蕨，钟秋怡仿绘自《中国蕨类植物图谱》第 5 卷，第 223 图

乌毛蕨，孙英宝仿绘自 *Ferns*，vol. 4. t. 40

肾蕨，孙英宝仿绘自《中国高等植物图鉴》第 1 卷，图 291

下延三叉蕨，孙英宝仿绘自 *Ferns*，vol. 6. t. 5

阴石蕨，孙英宝仿绘自 *Gard. Ferns*，t. 7.（1862）

热亚海芋，钟秋怡仿绘自 *Pflanzenr*，vol.23（1920）

日本薯蓣，孙英宝仿绘自 *Rev. Hort.*（Paris），ser. 4，vol.27（1855）

长距虾脊兰，孙英宝仿绘自 *Bot. Mag.*，vol.111. t. 6844.（1885）

香花羊耳蒜，孙英宝仿绘自 *Ann. Roy. Bot. Gard.*（Calcutta），vol.8（2）. t. 34.（1898）

雅美万代兰，孙英宝仿绘自 *Fl. Filip.*, ed. 3，t.465.（1883）

日本文殊兰，孙英宝仿绘自 *Botanical Art of Korean Rare Plants*

艳山姜，钟秋怡仿绘自 *Flora of China*，vol.24. Figure. 379

青绿薹草，孙英宝仿绘自 *Bot. Antarct. Voy.*，vol.2（1）t.63.（1853）

狭刀豆，孙英宝仿绘自 *Flora de Filipinas*, ed. 3，t. 319.（1883）

鱼藤，孙英宝仿绘自 *Hortus Indicus Malabaricus*，vol. 8. t. 46.（1688）

苎麻，孙英宝仿绘自 *Hooker's Journal of Botany and Kew Garden Miscellany*，vol. 3. t. 8.（1851）

苔水花，孙英宝仿绘自刘春荣作品

青冈，孙英宝仿绘自 *Icones plantarum formosanarum*，vol. 7. t. 10.（1918）

日本假卫矛，孙英宝仿绘自 *Botanical Magazine*（Tokyo），vol. 23. p.61.（1909）

银叶巴豆，孙英宝仿绘自邓晶发作品

小叶黑面神，孙英宝仿绘自 *Exoticarum Aliarumque Minus Cognitarum Plantarum Centuria prima*，t.4.（1678）

野鸦椿，孙英宝仿绘自 Zuccarini, J.G., *Flora Japonica*，t.6.（1870）

羊蹄，孙英宝仿绘自赵晓丹作品

紫金牛，孙英宝仿绘自 *Trees and Shrubs Indigenous in Japan Proper*，vol.1 p.202. f. 115.（1935）

双花耳草，孙英宝仿绘自 *Icones Plantarum Indiae Orientalis*，vol.1 t. 312.（1840）

斜基粗叶木，孙英宝仿绘自《中国植物志》第 71 卷，图版 18，余汉平绘图

日本百金花，孙英宝仿绘自 *Flora of Taiwan*，2nd edition vol. 4. pl. 57

亚洲络石，孙英宝仿绘自 *Trees and Shrubs Indigenous in Japan Proper*，vol.1 p.309. f. 171.（1935）

肾叶打碗花，祝立新仿绘自 *Flore et la Pomone Françaises*，vol. 1. T. 9（1828）

乌来冬青，孙英宝仿绘自 *Flora of Taiwan*，2nd edition vol. 3. pl. 328

大花艾纳香，孙英宝仿绘自 *Icones Plantarum Formosanarum*，vol. 2. T. 5.（1912）

菱叶常春藤，孙英宝仿绘自 *Flora of Taiwan*，vol. 3. pl. 871

附录　钓鱼岛植物名录

一、石松类植物

1. 石松科　Lycopodiaceae

龙骨马尾杉　*Phlegmariurus carinatus* (Desv.) Ching

垂穗石松　*Palhinhaea cernua* (L.) Vasc. & Franco

2. 卷柏科　Selaginellaceae

深绿卷柏　*Selaginella doederleinii* Hieron.

兖州卷柏　*Selaginella involvens* (Sw.) Spring

琉球卷柏　*Selaginella lutchuensis* Koidzumi

卷柏　*Selaginella tamariscina* (P. Beauv.) Spring

二、蕨类植物

3. 松叶蕨科　Psilotaceae

松叶蕨　*Psilotum nudum* (L.) Beauv.

4. 瓶尔小草科　Ophioglossaceae

柄叶瓶尔小草　*Ophioglossum petiolatum* Hook.

瓶尔小草　*Ophioglossum vulgatum* L.

5. 合囊蕨科　Marattiaceae

莲座蕨　*Angiopteris evecta* (G. Forster) Hoffmann

海金沙叶莲座蕨　*Angiopteris lygodiifolia* Rosenstock

6. 膜蕨科　Hymenophyllaceae

厚边蕨　*Crepidomanes humile* (G. Forster) Bosch

团扇蕨　*Crepidomanes minutum* (Blume) K. Iwatsuki

叉脉单叶假脉蕨　*Didymoglossum bimarginatum* (Bosch) Ebihara & K. Iwatsuki

盾形单叶假脉蕨　*Didymoglossum tahitense* (Nadeaud) Ebihara & K. Iwatsuki

瓶蕨　*Vandenboschia auriculata* (Blume) Cop.

南海瓶蕨　*Vandenboschia striata* (D. Don) Ebihara

7. 里白科　Gleicheniaceae

芒萁　*Dicranopteris pedata* (Houttuyn) Nakaike

8. 双扇蕨科　Dipteridaceae

燕尾蕨　*Cheiropleuria bicuspis* (Blume) C. Presl

9. 海金沙科　Lygodiaceae

海金沙　*Lygodium japonicum* (Thunb.) Sw.

10. 桫椤科　Cyatheaceae

黑桫椤　*Gymnosphaera podophylla* Dalla Torre & Sarnth.

笔筒树　*Sphaeropteris lepifera* (Hook.) R. M. Tryon

11. 鳞始蕨科　Lindsaeaceae

钱氏鳞始蕨　*Lindsaea chienii* Ching

团叶鳞始蕨　*Lindsaea orbiculata* (Lam.) Mett. ex Kuhn

阔片乌蕨　*Odontosoria biflora* C. Chr.

乌蕨　*Odontosoria chinensis* J. Sm.

12. 凤尾蕨科　Pteridaceae

刺齿半边旗　*Pteris dispar* Kze.

傅氏凤尾蕨　*Pteris fauriei* Hieron.

琉球凤尾蕨　*Pteris ryukyuensis* Tagawa

半边旗　*Pteris semipinnata* L.

波缘卤蕨　*Acrostichum repandum* Blume.

扇叶铁线蕨　*Adiantum flabellulatum* L.

姬书带蕨　*Haplopteris anguste-elongata* (Hayata) E. H. Crane

唇边书带蕨　*Haplopteris elongata* (Swartz) E. H. Crane

13. 碗蕨科　Dennstaedtiaceae

粗毛鳞盖蕨　*Microlepia strigosa* (Thunb.) Presl

栗蕨　*Histiopteris incisa* (Thunb.) J. Sm.

14. 铁角蕨科　Aspleniaceae

大鳞巢蕨　*Asplenium antiquum* Makino

巢蕨　*Asplenium nidus* L.

假大羽铁角蕨　*Asplenium pseudolaserpitiifolium* Ching

骨碎补铁角蕨　*Asplenium ritoense* Hayata

15. 金星蕨科　Thelypteridaceae

渐尖毛蕨　*Cyclosorus acuminatus* (Houtt.) Nakai

华南毛蕨　*Cyclosorus parasiticus* (L.) Farwell.

16. 蹄盖蕨科　Athyriaceae

单叶对囊蕨　*Deparia lancea* (Thunberg) Fraser-Jenkins

淡绿双盖蕨　*Diplazium virescens* Kunze

17. 乌毛蕨科　Blechnaceae

乌毛蕨　*Blechnum orientale* L.

18. 鳞毛蕨科　Dryopteridaceae

二型复叶耳蕨　*Arachniodes dimorphophyllum* (Hayata) Ching

美观复叶耳蕨　*Arachniodes speciosa* (D. Don) Ching

长叶实蕨　*Bolbitis heteroclita* (Presl) Ching

凹脉实蕨　*Bolbitis interlineata* (Copel.) Ching

华南实蕨　*Bolbitis subcordata* (Cop.) Ching

全缘贯众　*Cyrtomium falcatum* (L. F.) Presl

落鳞鳞毛蕨　*Dryopteris sordidipes* Tagawa

稀羽鳞毛蕨　*Dryopteris sparsa* (Buch.-

Ham. ex D. Don) O. Ktze.

裂盖鳞毛蕨　*Dryopteris subexaltata* (Christ) C. Chr.

小戟叶耳蕨　*Polystichum hancockii* (Hance) Diels

戟叶耳蕨　*Polystichum tripteron* (Kunze) Presl

直鳞肋毛蕨　*Ctenitis eatonii* (Baker) Ching

亮鳞肋毛蕨　*Ctenitis subglandulosa* (Hance) Ching

19. 肾蕨科　Nephrolepidaceae

长叶肾蕨　*Nephrolepis biserrata* (Sw.) Schott

肾蕨　*Nephrolepis cordifolia* (L.) C. Presl

毛叶肾蕨　*Nephrolepis brownii* (Desvaux) Hovenkamp & Miyamoto

20. 三叉蕨科　Tectariaceae

沙皮蕨　*Tectaria harlandii* (Hooker) C. M. Kuo

下延三叉蕨　*Tectaria decurrens* (Presl) Cop.

21. 骨碎补科　Davalliaceae

阴石蕨　*Davallia repens* Desv.

22. 水龙骨科　Polypodiaceae

宽羽线蕨　*Leptochilus ellipticus* var. *pothifolius* (Buchanan-Hamilton ex D. Don) X. C. Zhang

新店线蕨　*Leptochilus shintenensis* (Hayata) H. Itô

褐叶线蕨　*Leptochilus wrightii* (Hooker & Baker) X. C. Zhang

伏石蕨　*Lemmaphyllum microphyllum* C. Presl

倒卵伏石蕨　*Lemmaphyllum microphyllum* var. *obovatum* (Harr.) C.Chr.

瓦韦　*Lepisorus thunbergianus* (Kaulf.) Ching.

石韦　*Pyrrosia lingua* (Thunb.) Farwell

金鸡脚假瘤蕨　*Selliguea hastata* (Thunberg) Fraser-Jenkins

长鳞假瘤蕨　*Phymatopteris longisquamata* (Tagawa) Pic. Serm.

三、裸子植物

23. 罗汉松科　Podocarpaceae

罗汉松　*Podocarpus macrophyllus* (Thunb.) Sweet

四、被子植物

24. 五味子科　Schisandraceae

日本南五味子　*Kadsura japonica* (L.) Dunal

25. 胡椒科　Piperaceae

石蝉草　*Peperomia blanda* (Jacquin) Kunth

风藤　*Piper kadsura* (Choisy) Ohwi

26. 马兜铃科　Aristolochiaceae

耳叶马兜铃　*Aristolochia tagala* Champ.

琉球马兜铃　*Aristolochia liukiuensis*

Hatusima

钓鱼岛细辛 *Asarum senkakuinsulare* Hatus.

27. 樟科 Lauraceae

南投黄肉楠 *Actinodaphne acuminata* (Blume) Meisner

樟 *Cinnamomum camphora* (L.) Presl

山胡椒 *Lindera glauca* (Sieb. & Zucc.) Blume

日本木姜子 *Litsea japonica* (Thunb.) Juss.

长叶润楠 *Machilus japonica* Sieb. & Zucc.

红楠 *Machilus thunbergii* Sieb. & Zucc.

新木姜子 *Neolitsea aurata* (Hay.) Koidz.

舟山新木姜子 *Neolitsea sericea* (Blume) Koidz.

28. 天南星科 Araceae

热亚海芋 *Alocasia macrorrhizos* (L.) G. Don

海芋 *Alocasia odora* (Roxburgh) K. Koch

普陀南星 *Arisaema ringens* (Thunb.) Schott

29. 薯蓣科 Dioscoreaceae

日本薯蓣 *Dioscorea japonica* Thunb.

30. 霉草科 Triuridaceae

小霉草 *Sciaphila nana* Blume

31. 露兜树科 Pandanaceae

露兜树 *Pandanus tectorius* Sol.

32. 菝葜科 Smilacaceae

肖菝葜 *Heterosmilax japonica* Kunth

圆锥菝葜 *Smilax bracteata* Presl

柳田菝葜 *Smilax china* f. *yanagitai* (Honda) T. Koyama

菝葜 *Smilax china* L.

33. 百合科 Liliaceae

麝香百合 *Lilium longiflorum* Thunb.

34. 兰科 Orchidaceae

美丽无柱兰 *Amitostigma lepidum* (Rchb.f.) Schltr.

长距虾脊兰 *Calanthe sylvatica* (Thou.) Lindl.

三褶虾脊兰 *Calanthe triplicata* (Willem.) Ames

双唇兰 *Didymoplexis pallens* Griff.

大脚筒 *Pinalia ovata* (Lindley) W. Suarez & Cootes

白网脉斑叶兰 *Goodyera hachijoensis* Yatabe

低地羊耳蒜 *Liparis formosana* Rchb. f.

香花羊耳蒜 *Liparis odorata* (Willd.) Lindl.

小叶鸢尾兰 *Oberonia japonica* (Maxim.) Makino

密苞鸢尾兰 *Oberonia variabilis* Kerr

豹纹掌唇兰 *Staurochilus luchuensis*

(Rolfe) Fukuyama
雅美万代兰　*Vanda lamellata* Lindl.
芳香线柱兰　*Zeuxine nervosa* (Lindl.) Trimen

35. 石蒜科　Amaryllidaceae
日本文殊兰　*Crinum asiaticum* var. *japonicum* Baker

36. 阿福花科　Asphodelaceae
山菅　*Dianella ensifolia* (L.) Redouté

37. 天门冬科　Asparagaceae
天门冬　*Asparagus cochinchinensis* (Lour.) Merr.
阔叶山麦冬　*Liriope muscari* (Decaisne) L. H. Bailey
山麦冬　*Liriope spicata* (Thunb.) Lour.
剑叶沿阶草　*Ophiopogon jaburan* (Siebold) Lodd.

38. 棕榈科　Arecaceae
山棕　*Arenga engleri* Becc.
鱼骨葵　*Arenga tremula* (Blanco) Becc.
蒲葵　*Livistona chinensis* (Jacq.) R. Br.

39. 香蒲科　Typhaceae
长苞香蒲　*Typha domingensis* Persoon

40. 莎草科　Cyperaceae
青绿薹草　*Carex breviculmis* R. Br.
纤维青菅　*Carex breviculmis* var. *fibrillosa* (Franch. & Savat.) Kukenth. ex Matsum & Hayata
褐果薹草　*Carex brunnea* Thunb.
伴生薹草　*Carex sociata* Boott
合鳞薹草　*Carex tristachya* var. *pocilliformis* (Boott) Kukenthal
健壮薹草　*Carex wahuensis* subsp. *robusta* (Franchet & Savatier) T. Koyama
羽状穗砖子苗　*Cyperus javanicus* Houtt.
扁穗莎草　*Cyperus compressus* L.
莎状砖子苗　*Cyperus cyperinus* (Retzius) J. V. Suringar
香附子　*Cyperus rotundus* L.
荸荠　*Eleocharis dulcis* (N. L. Burman) Trinius ex Henschel
黑籽荸荠　*Eleocharis geniculata* (L.) Roemer & Schultes
佛焰苞飘拂草　*Fimbristylis cymosa* var. *spathacea* (Roth) T. Koyama
头序黑果飘拂草　*Fimbristylis cymosa* subsp. *umbellatocapitata* (Hillebr.) T. Koyama
两歧飘拂草　*Fimbristylis dichotoma* (L.) Vahl
独穗飘拂草　*Fimbristylis ovata* (N. L. Burman) J. Kern
大洋三穗飘拂草　*Fimbristylis tristachya* var. *pacifica* (Ohwi) T. Koyama
锈鳞飘拂草　*Fimbristylis sieboldii* Miq.
安平飘拂草　*Fimbristylis sieboldii* var. *anpinensis* (Hayata) T. Koyama
多枝扁莎　*Pycreus polystachyos*

(Rottboll) P. Beauvois
华珍珠茅　*Scleria ciliaris* Nees
高秆珍珠茅　*Scleria terrestris* (L.) Fass

41. 须叶藤科　Flagellariaceae
须叶藤　*Flagellaria indica* L.

42. 灯芯草科　Juncaceae
笄石菖　*Juncus prismatocarpus* R. Brown

43. 禾本科　Poaceae
华北剪股颖　*Agrostis clavata* Trin.
芦竹　*Arundo donax* L.
纤毛马唐　*Digitaria ciliaris* (Retz.) Koel.
亨利马唐　*Digitaria henryi* Rendle
二型马唐　*Digitaria heterantha* (Hook. f.) Merr.
稗　*Echinochloa crus-galli* (L.) P. Beauv.
白茅　*Imperata cylindrica* (L.) Beauv.
有芒鸭嘴草　*Ischaemum aristatum* L.
金黄鸭嘴草　*Ischaemum aureum* Honda
无芒鸭嘴草　*Ischaemum muticum* L.
小金黄鸭嘴草　*Ischaemum setaceum* Honda
细穗草　*Lepturus repens* (G. Forst.) R. Br.
淡竹叶　*Lophatherum gracile* Brongn.
刚莠竹　*Microstegium ciliatum* (Trin.) A. Camus
柔枝莠竹　*Microstegium vimineum* (Trin.) A. Camus
芒　*Miscanthus sinensis* Anderss.
竹叶草　*Oplismenus compositus* (L.) Beauv.
疏穗竹叶草　*Oplismenus patens* Honda
圆果雀稗　*Paspalum scrobiculatum* var. *orbiculare* (G. Forster) Hackel
海雀稗　*Paspalum vaginatum* Sw.
双穗雀稗　*Paspalum distichum* L.
日本苇　*Phragmites japonicus* Steudel
桂竹　*Phyllostachys reticulata* (Ruprecht) K. Koch
单序草　*Polytrias indica* (Houttuyn) Veldkamp
甘蔗　*Saccharum officinarum* L.
囊颖草　*Sacciolepis indica* (L.) A. Chase
狗尾草　*Setaria viridis* (L.) Beauv.
鼠尾粟　*Sporobolus fertilis* (Steud.) W. D. Glayt.
刍雷草　*Thuarea involuta* (Forst.) R. Br. ex Roem. & Schult.
沟叶结缕草　*Zoysia matrella* (L.) Merr.

44. 鸭跖草科　Commelinaceae
穿鞘花　*Amischotolype hispida* (A. Rich.) Hong
耳苞鸭跖草　*Commelina auriculata* Bl.
节节草　*Commelina diffusa* N. L. Burm.
裸花水竹叶　*Murdannia nudiflora* (L.) Brenan

45. 姜科　Zingiberaceae
光叶山姜　*Alpinia intermedia* Gagnep.
艳山姜　*Alpinia zerumbet* (Pers.) Burtt. & Smith

46. 美人蕉科　Cannaceae

美人蕉　*Canna indica* L.

47. 防己科　Menispermaceae

木防己　*Cocculus orbiculatus* (L.) DC.

千金藤　*Stephania japonica* (Thunb.) Miers

粪箕笃　*Stephania longa* Lour.

台湾千金藤　*Stephania merrillii* Diels

48. 罂粟科　Papaveraceae

滇南紫堇　*Corydalis balansae* Prain

异果黄堇　*Corydalis heterocarpa* Sieb. & Zucc.

49. 黄杨科　Buxaceae

黄杨　*Buxus sinica* (Rehd. & Wils.) Cheng

50. 金缕梅科　Hamamelidaceae

蚊母树　*Distylium racemosum* Sieb. & Zucc.

51. 景天科　Crassulaceae

台湾佛甲草　*Sedum formosanum* N. E. Brown

52. 虎皮楠科　Daphniphyllaceae

特斯曼虎皮楠　*Daphniphyllum teysmannii* Kurz ex Teijsm. & Binn.

53. 葡萄科　Vitaceae

异叶蛇葡萄　*Ampelopsis glandulosa* var. *heterophylla* (Thunberg) Momiyama

毛葡萄　*Vitis heyneana* Roem. & Schult

桑叶葡萄　*Vitis heyneana* subsp. *ficifolia* (Bge.) C. L. Li

54. 卫矛科　Celastraceae

东南南蛇藤　*Celastrus punctatus* Thunb.

肉花卫矛　*Euonymus carnosus* Hemsl.

棘刺卫矛　*Euonymus echinatus* Wall.

冬青卫矛　*Euonymus japonicus* Thunb.

日本假卫矛　*Microtropis japonica* (Franch. & Sav.) Hall.

55. 酢浆草科　Oxalidaceae

酢浆草　*Oxalis corniculata* L.

56. 杜英科　Elaeocarpaceae

杜英　*Elaeocarpus decipiens* Hemsl.

薯豆　*Elaeocarpus japonicus* Sieb. & Zucc.

山杜英　*Elaeocarpus sylvestris* (Lour.) Poir.

57. 沟繁缕科　Elatinaceae

三蕊沟繁缕　*Elatine triandra* Schkuhr

58. 金丝桃科　Hypericaceae

钓鱼岛金丝桃　*Hypericum senkakuinsulare* Hatus.

59. 杨柳科　Salicaceae

台湾箣柊　*Scolopia oldhamii* Hance

柞木　*Xylosma congesta* (Loureiro) Merrill

60. 大戟科　Euphorbiaceae

银叶巴豆　*Croton cascarilloides* Raeusch.

海滨大戟　*Euphorbia atoto* G. Forst.
心叶大戟　*Euphorbia sparrmanii* Boiss.
血桐　*Macaranga tanarius* var. *tomentosa* (Blume) Muller Argoviensis
野梧桐　*Mallotus japonicus* (Thunb.) Muell. Arg.
粗糠柴　*Mallotus philippensis* (Lam.) Muell. Arg.
墨鳞　*Melanolepis multiglandulosa* (Reinw. ex BLUME) Reichb. F. & Zoll.

61. 叶下珠科　Phyllanthaceae
小叶黑面神　*Breynia vitis-idaea* (Burm. F.) C. E. C. Fischer
香港算盘子　*Glochidion zeylanicum* (Gaerthn.) A. Juss.
披针叶算盘子　*Glochidion lanceolatum* Hayata
台闽算盘子　*Glochidion rubrum* Blume
倒卵叶算盘子　*Glochidion obovatum* Sieb. & Zucc.

62. 核果木科　Putranjivaceae
核果木　*Drypetes indica* (Muell. Arg.) Pax & Hoffm.

63. 豆科　Fabaceae
日本火索藤　*Phanera japonica* (Maxim.) H. Ohashi
莲实藤　*Caesalpinia minax* Hance
狭刀豆　*Canavalia lineata* (Thunb.) DC.
鱼藤　*Derris trifoliata* Lour.
琉球乳豆　*Galactia tashiroi* Maxim.
兰屿百脉根　*Lotus taitungensis* S. S. Ying
草木樨　*Melilotus officinalis* (L.) Pall.
滨豇豆　*Vigna marina* (Burm.) Merr.

64. 蔷薇科　Rosaceae
石斑木　*Rhaphiolepis indica* (L.) Lindley
厚叶石斑木　*Rhaphiolepis umbellata* (Thunberg) Makino
恒春石斑木　*Rhaphiolepis indica* var. *shilanensis* Y. P. Yang & H. Y. Liu
梣叶悬钩子　*Rubus fraxinifoliolus* Hayata
马克西空心藨　*Rubus rosifolius* Smith

65. 胡颓子科　Elaeagnaceae
大叶胡颓子　*Elaeagnus macrophylla* Thunb.

66. 鼠李科　Rhamnaceae
斜叶猫乳　*Rhamnella franguloides* (Maxim.) Weberb.
琉球鼠李　*Rhamnus liukiuensis* (Wils.) Koidz.

67. 大麻科　Cannabaceae
琉球朴　*Celtis boninensis* Koidz.
异色山黄麻　*Trema orientalis* (L.) Blume

68. 桑科　Moraceae
菲律宾榕　*Ficus ampelos* N. L. Burman
垂叶榕　*Ficus benjamina* L.
大叶赤榕　*Ficus caulocarpa* (Miq.) Miq.
矮小天仙果　*Ficus erecta* Thunb.

糙叶榕　*Ficus irisana* Elmer.

榕树　*Ficus microcarpa* L. f.

薜荔　*Ficus pumila* L.

白背爬藤榕　*Ficus sarmentosa* var. *nipponica* (Fr.& Sav.) Corner

笔管榕　*Ficus subpisocarpa* Gagnepain

斜叶榕　*Ficus tinctoria* subsp. *gibbosa* (Blume) Corner

白肉榕　*Ficus vasculosa* Wall. ex Miq.

黄葛树　*Ficus virens* Aiton

岛榕　*Ficus virgata* Reinw. ex Blume

鸡桑　*Morus australis* Poir.

69. 荨麻科　Urticaceae

苎麻　*Boehmeria nivea* (L.) Gaudich.

青叶苎麻　*Boehmeria nivea* var. *tenacissima* (Gaudich.) Miq.

紫麻　*Oreocnide frutescens* (Thunb.) Miq.

长梗紫麻　*Oreocnide pedunculata* (Shirai) Masamune

短角湿生冷水花　*Pilea aquarum* subsp. *brevicornuta* (Hayata) C. J. Chen

小叶冷水花　*Pilea microphylla* (L.) Liebm.

苔水花　*Pilea peploides* (Gaudich.) Hook. & Arn.

70. 壳斗科　Fagaceae

青冈　*Cyclobalanopsis glauca* (Thunberg) Oersted

冲绳里白栎　*Quercus miyagii* Koidz.

71. 杨梅科　Myricaceae

杨梅　*Myrica rubra* Sieb. & Zucc.

72. 葫芦科　Cucurbitaceae

绞股蓝　*Gynostemma pentaphyllum* (Thunb.) Makino

台湾马瓟儿　*Zehneria guamensis* (Merrill) Fosberg

73. 千屈菜科　Lythraceae

水芫花　*Pemphis acidula* J. R. & G. Forst.

74. 桃金娘科　Myrtaceae

赤楠　*Syzygium buxifolium* Hook. & Arn.

75. 野牡丹科　Melastomataceae

野牡丹　*Melastoma malabathricum* L.

76. 省沽油科　Staphyleaceae

野鸦椿　*Euscaphis japonica* (Thunb.) Dippel

三叶山香圆　*Turpinia ternata* Nakai

77. 漆树科　Anacardiaceae

野漆　*Toxicodendron succedaneum* (L.) O. Kuntze

78. 芸香科　Rutaceae

柑橘　*Citrus reticulata* Blanco

三叶蜜茱萸　*Melicope triphylla* (Lam.) Merr.

椿叶花椒　*Zanthoxylum ailanthoides* Sied. & Zucc.

79. 锦葵科 Malvaceae

马松子 *Melochia corchorifolia* L.

黄葵 *Abelmoschus moschatus* Medicus

木芙蓉 *Hibiscus mutabilis* L.

黄槿 *Hibiscus tiliaceus* L.

白背黄花稔 *Sida rhombifolia* L.

80. 瑞香科 Thymelaeaceae

倒卵叶荛花 *Wikstroemia retusa* A. Gray

日本毛瑞香 *Daphne kiusiana* Miq.

81. 山柑科 Capparaceae

钝叶鱼木 *Crateva trifoliata* (Roxburgh) B. S. Sun

82. 十字花科 Brassicaceae

单叶臭荠 *Lepidium englerianum* (Muschler) Al-Shehbaz

萝卜 *Raphanus sativus* L.

83. 蛇菰科 Balanophoraceae

蛇菰 *Balanophora fungosa* J. R. Forster & G. Forster

海桐蛇菰 *Balanophora tobiracola* Makino

84. 檀香科 Santalaceae

栗寄生 *Korthalsella japonica* (Thunb.) Engl.

85. 白花丹科 Plumbaginaceae

补血草 *Limonium sinense* (Girard) Kuntze

钓鱼岛补血草 *Limonium senkakuense* T. Yamaz.

海芙蓉 *Limonium wrightii* (Hance) Kuntze

86. 蓼科 Polygonaceae

火炭母 *Polygonum chinense* L.

羊蹄 *Rumex japonicus* Houtt.

87. 苋科 Amaranthaceae

尖头叶藜 *Chenopodium acuminatum* Willd.

狭叶尖头叶藜 *Chenopodium acuminatum* subsp. *virgatum* (Thunb.) Kitam.

牛膝 *Achyranthes bidentata* Blume

安旱苋 *Philoxerus wrightii* Hook. f.

88. 紫茉莉科 Nyctaginaceae

黄细心 *Boerhavia diffusa* L.

胶果木 *Pisonia umbellifera* (J. R. Forster & G. Forster) Seemann

89. 番杏科 Aizoaceae

番杏 *Tetragonia tetragonioides* (Pall.) Kuntze

90. 马齿苋科 Portulacaceae

马齿苋 *Portulaca oleracea* L.

91. 山茶科 Theaceae

山茶 *Camellia japonica* L.

92. 五列木科　Pentaphylacaceae

滨柃　*Eurya emarginata* (Thunb.) Makino

93. 报春花科　Primulaceae

紫金牛　*Ardisia japonica* (Thunberg) Blume

九节龙　*Ardisia pusilla* A. DC.

罗伞树　*Ardisia quinquegona* Blume

多枝紫金牛　*Ardisia sieboldii* Miq.

杜茎山　*Maesa japonica* (Thunb.) Moritzi. ex Zoll.

软弱杜茎山　*Maesa tenera* Mez

滨海珍珠菜　*Lysimachia mauritiana* Lam.

94. 杜鹃花科　Ericaceae

钓鱼岛杜鹃花　*Rhododendron eriocarpum* var. *tawadae* Ohwi.

粗糙杜鹃花　*Rhododendron scabrum* G. Don

南烛　*Vaccinium bracteatum* Thunb.

海岛越橘　*Vaccinium wrightii* Gray

95. 山榄科　Sapotaceae

山榄　*Planchonella obovata* (R. Br.) Pierre

96. 柿科　Ebenaceae

象牙树　*Diospyros ferrea* (Willd.) Bakh.

海边柿　*Diospyros maritima* Blume

97. 安息香科　Styracaceae

野茉莉　*Styrax japonicus* Sieb. & Zucc.

98. 山矾科　Symplocaceae

日本山矾　*Symplocos kuroki* Nagam.

99. 旋花科　Convolvulaceae

肾叶打碗花　*Calystegia soldanella* (L.) R. Br.

番薯　*Ipomoea batatas* (L.) Lamarck

变色牵牛　*Ipomoea indica* (J. Burman) Merrill

厚藤　*Ipomoea pes-caprae* (L.) R. Brown

100. 茄科　Solanaceae

红丝线　*Lycianthes biflora* (Loureiro) Bitter

龙葵　*Solanum nigrum* L.

龙珠　*Tubocapsicum anomalum* (Franchet & Savatier) Makino

101. 茜草科　Rubiaceae

虎刺　*Damnacanthus indicus* (L.) Gaertn. F.

大卵叶虎刺　*Damnacanthus major* Sieb. & Zucc.

栀子　*Gardenia jasminoides* Ellis

双花耳草　*Hedyotis biflora* (L.) Lam.

肉叶耳草　*Hedyotis strigulosa* (Bartling ex Candolle) Fosberg

斜基粗叶木　*Lasianthus attenuatus* Jack

广东粗叶木　*Lasianthus curtisii* King & Gamble

罗浮粗叶木　*Lasianthus fordii* Hance

钟萼粗叶木　*Lasianthus trichophlebus* Hemsl.

小玉叶金花　*Mussaenda parviflora* Miq.

鸡矢藤　*Paederia foetida* L.

琉球九节木 *Psychotria manillensis* Bartl. ex DC.

蔓九节 *Psychotria serpens* L.

薄叶玉心花 *Tarenna gracilipes* (Hayata) Ohwi

102. 龙胆科 Gentianaceae

日本百金花 *Centaurium japonicum* (Maxim.) Druce

103. 夹竹桃科 Apocynaceae

亚洲络石 *Trachelospermum asiaticum* (Sieb. & Zucc.) Nakai

台湾杯冠藤 *Cynanchum formosanum* (Maxim.) Hemsl.

琉球鹅绒藤 *Cynanchum liukiuense* Warb.

台湾眼树莲 *Dischidia formosana* Maxim.

球兰 *Hoya carnosa* (L. f.) R. Br.

蓝叶藤 *Marsdenia tinctoria* R. Br.

假防己 *Marsdenia tomentosa* Morr. & Decne.

黑鳗藤 *Jasminanthes mucronata* (Blanco) W. D. Stevens & P. T. Li

田中白前 *Vincetoxicum tanakae* (Maxim.) Franch. & Sav.

与那国白前 *Vincetoxicum yonakuniense* (Hatus.) T. Yamash. & Tateishi

104. 木樨科 Oleaceae

日本女贞 *Ligustrum japonicum* Thunb.

无脉木樨 *Osmanthus enervius* Masamune & K. Mori

岛屿木樨 *Osmanthus insularis* Koidz.

105. 爵床科 Acanthaceae

爵床 *Justicia procumbens* L.

106. 唇形科 Lamiaceae

朝鲜紫珠 *Callicarpa japonica* var. *luxurians* Rehd.

长叶紫珠 *Callicarpa longifolia* Lamk.

苦郎树 *Clerodendrum inerme* (L.) Gaertn.

海州常山 *Clerodendrum trichotomum* Thunb.

豆腐柴 *Premna microphylla* Turcz.

单叶蔓荆 *Vitex rotundifolia* L.

十齿绣球防风 *Leucas decemdentata* (Willd.) Sm.

红点黄芩 *Scutellaria rubropunctata* Hayata

107. 马鞭草科 Verbenaceae

过江藤 *Phyla nodiflora* (L.) E. L. Greene

108. 列当科 Orobanchaceae

野菰 *Aeginetia indica* L.

109. 紫草科 Boraginaceae

柔弱斑种草 *Bothriospermum zeylanicum* (J. Jacquin) Druce

台湾破布木 *Cordia kanehirai* Hayata

银毛树 *Heliotropium arboreum* (Blanco) Mabb.

110. 冬青科　Aquifoliaceae

全缘冬青　*Ilex integra* Thunb.

乌来冬青　*Ilex uraiensis* Mori & Yamamoto

铁冬青　*Ilex rotunda* Thunb.

111. 草海桐科　Goodeniaceae

草海桐　*Scaevola taccada* (Gaertner) Roxburgh

112. 菊科　Asteraceae

阿里山兔儿风　*Ainsliaea macroclinidioides* Hayata

五月艾　*Artemisia indica* Willd.

光亮台湾紫菀　*Aster taiwanensis* var. *lucens* (Kitam.) Kitam.

大花艾纳香　*Blumea conspicua* Hayata

毛毡草　*Blumea hieraciifolia* (Sprengel) Candolle

见霜黄　*Blumea lacera* (Burm. F.) DC.

蓟　*Cirsium japonicum* Fisch. ex DC.

野茼蒿　*Crassocephalum crepidioides* (Benth.) S. Moore

假还阳参　*Crepidiastrum lanceolatum* (Houtt.) Nakai

芙蓉菊　*Crossostephium chinense* (L.) Makino

一点红　*Emilia sonchifolia* (L.) DC.

苏门白酒草　*Erigeron sumatrensis* Retz.

拟鼠曲草　*Pseudognaphalium affine* (D. Don) Anderberg

丝棉草　*Pseudognaphalium luteoalbum* (L.) Hilliard & B. L. Burtt

苦苣菜　*Sonchus oleraceus* L.

孪花菊　*Wollastonia biflora* (L.) Candolle

卤地菊　*Melanthera prostrata* (Hemsley) W. L. Wagner & H. Robinson

黄鹌菜　*Youngia japonica* (L.) DC.

113. 五福花科　Adoxaceae

日本珊瑚树　*Viburnum odoratissimum* var. *awabuki* (K.Koch) Zabel ex Rumpl.

114. 海桐科　Pittosporaceae

琉球白海桐　*Pittosporum boninense* var. *lutchuense* (Koidz.) H. Ohba

海桐　*Pittosporum tobira* (Thunb.) Ait.

115. 五加科　Araliaceae

菱叶常春藤　*Hedera rhombea* (Miq.) Bean

三裂树参　*Dendropanax trifidus* (Thunberg) Makino ex H. Hara

116. 伞形科　Apiaceae

滨当归　*Angelica hirsutiflora* Liu

积雪草　*Centella asiatica* (L.) Urban

滨海前胡　*Peucedanum japonicum* Thunb.

图书在版编目(CIP)数据

手绘中国钓鱼岛植物/叶建飞主编. —北京:商务印书馆,2023

ISBN 978-7-100-21173-4

Ⅰ.①手… Ⅱ.①叶… Ⅲ.①钓鱼岛—植物—图集
Ⅳ.①Q948.525.8-64

中国版本图书馆CIP数据核字(2022)第079724号

手绘中国钓鱼岛植物

叶建飞 主编

商 务 印 书 馆 出 版
(北京王府井大街36号 邮政编码100710)
商 务 印 书 馆 发 行
北京雅昌艺术印刷有限公司印刷
ISBN 978-7-100-21173-4

2023年1月第1版 开本 889×1194 1/32
2023年1月北京第1次印刷 印张 7⅜

定价:128.00元